———

트래블로그 Travellog로 로그인하라!
여행은 일상화 되어 다양한 이유로 여행을 합니다.
여행은 인터넷에 로그인하면 자료가 나오는 시대로 변화했습니다.
새로운 여행지를 발굴하고 편안하고
즐거운 여행을 만들어줄 가이드북을 소개합니다.

일상에서 조금 비켜나 나를 발견할 수 있는 여행은
오감을 통해 여행기록 TRAVEL LOG으로 남을 것입니다.

———

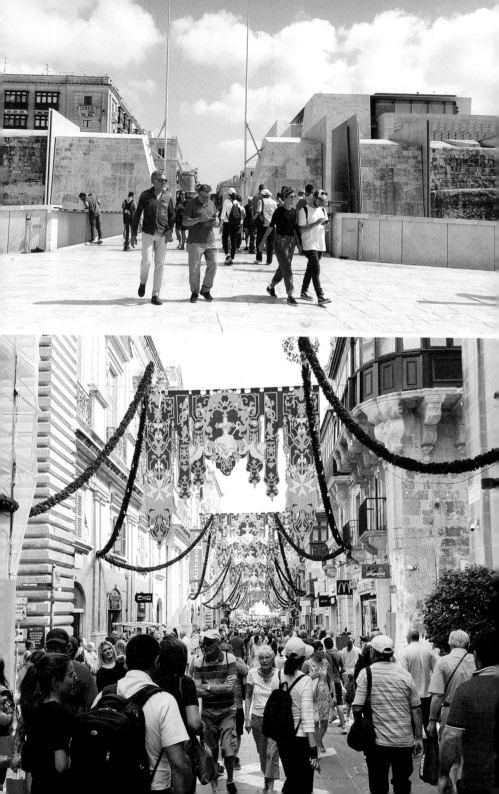

몰타의 사계절

여행할 때는 아무래도 날씨가 좋으면 더 여행하고 싶게 된다. 최상의 날씨와 맛있는 음식, 숙박시설, 투명한 바닷물이 있는 곳으로 저렴하고 쾌적한 해변 휴양지로 각광을 받고 있다. 여행가기 좋은 시기를 결정하고 여행을 계획하는데 도움이 될 계절 정보를 보면 몰타가 살기 좋고 여행하기 좋은 곳이라는 사실을 알 수 있다.

한 여름에는 약 30도 이상까지 올라가지만 몰타의 기후는 쾌적한 편이다. 다만 햇빛이 강하기 때문에 썬크림을 항상 바르고 여행하는 것이 좋다. 겨울 평균 기온은 약 14도이다. 강우량은 적고 1년 내내 580㎜ 정도가 내리며 주로 11~2월 사이에 내린다.

가장 더운 달 | 8월, 7월, 9월, 6월(평균 기온 29℃)
가장 추운 달 | 1월, 2월, 3월, 12월(평균 기온 11℃)
가장 건조한 달 | 7월, 6월, 8월, 4월(평균 강수량 3.75mm)
비가 가장 많이 오는 달 | 12월, 11월, 1월, 2월(평균 강수량 88mm)

Intro

여행을 하다보면 특별하지 않은 날이 없다. 사람들은 일터로 떠나지만 나는 느즈막하게 일어나 책을 읽는다. 의식하지 않으려 해도 매일의 골목을 돌다가 보이는 이슬람의 흔적들 때문에 궁금증이 생겼고, 그래서 계속 몰타의 색다른 역사에 대한 내용이 있는 책을 구입해 읽고 있다.

읽고 있는 책은 몰타의 성 요한 기사단 사람들의 일상에 대한 것이다. 남이 보면 매우 불편해 보일 자세지만 길쭉한 소파에 몸을 대충 눕혀 놓고 책을 읽는 데 꽤나 몰입이 되었다. 낮이라도 창의 암막을 반쯤 내리고 따뜻한 색의 램프를 켜 놓았다. 공간이 꽤 아늑하게 만들어 나가서 여행을 해야 하는 데 방에서 하루 종일 있고 싶은 느낌이다.

유행이 아닌 나의 관심이 생겨 구입한 책을 읽을 때면 몰입도가 배가 된다. 오늘 오후는 발레타의 골목길을 걸으면서 몰타 사람들의 옛 생활을 상상하면서 걸어 나갈 것이다. 책 안의 사람들과 나, 같은 도시에 꽤나 오랜 시간이 지났지만 예나 지금이나 같은 모습이므로 나는 다른 시간에 그들을 바라볼 수 있다. 길거리에서 반갑게 인사라도 해주면 그들이 마치 옛 모습의 몰타 사람들로 오버랩 되어 보인다.

창문의 낮아진 햇빛이 책상으로 들어온다. 대충 접혀 있는 책이 햇빛에 투영된 모습이 너무 아름답다. 우연히 햇살의 빛깔과 싱싱해 보이는 책이 책상 위에 올라간 모습이 너무 아름답다. 내가 이제 나이가 들었는지 우연치 않은 순간에 발견하게 되는 아름다움에 감탄하고 있다.

학교에서 수업시간에 지루하면 어쩔 수 없이 몰려오는 졸음에 나도 모르게 선을 그리면서 교과서의 한 페이지에 입체 그림을 그렸었다. 그러다가 대충 그린 선이 만들어 낸 그림은 누가 그린 그림보다 아름다운 작품을 만들 때가 있다. 그러나 역사가 짙게 내린 건물들은 누군가 모르게 만들어낸 것들이 아니다. 그들이 오랜 세월을 이곳에서 견디면서 만들어 낸 행복과 슬픔이 내려있는 건물들이다. 그러므로 나의 얼토당토한 그림과는 차원이 다르다.

이미 완벽한 건물로 만들어진 현대식 건물에서는 감탄을 느끼지 못하는데, 역사가 쌓인 건물에서 여행 중 우연하게 마주친 그 골목의 건물이나 작은 모퉁이에서 가끔씩 정말 황홀함을 느낀다.

이게 나만이 아니었다면 좋겠다. 그런 즐거움을 이야기하면 좋겠는데, 쉽지 않다. 우연히 예술을 집어삼킬 수도 있고 우연히 생각난 영감이 명작을 탄생시킬 수 있지만 건물이 지켜오면서 살아온 건물의 삶은 충만하고 만족스럽고 감탄스럽다. 오랜 세월 무심하게 보낸 작은 섬, 몰타에서는 책을 마저 읽다가 천천히 이동해야 한다. 매일의 따사로운 햇빛, 싱싱함이 살아 있는 골목, 거리의 야채와 과일이 하루를 살아가도록 충전시키는 것 같다. 이것만으로도 나는 몰타 여행의 어려움을 극복할 힘이 생긴다.

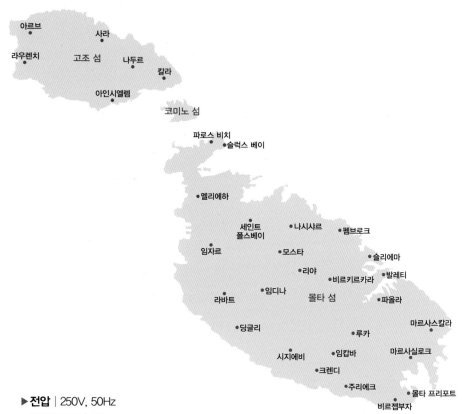

아르브
샤라
라우렌치
고조 섬
나두르
칼라
아인시엘렘
코미노 섬
파로스 비치
슬럭스 베이
멜리에하
세인트
폴스베이
나시샤르
펨브로크
임자르
모스타
슬리에마
리야
비르키르카라
발레티
라바트
임디나
몰타 섬
파올라
딩글리
마르사스칼라
루카
시지에비
임캅바
마르사실로크
크렌디
주리에크
몰타 프리포트
비르젭부자

▶ **전압** │ 250V, 50Hz
▶ **부가가치세** │ 15%
▶ **인터넷 도메인** │ .mt
▶ **국제전화 국가코드** │ 356
▶ **시차** │ 8시간 느리다.(서머 타임 7시간)
▶ **공용어** │ 몰타어 / 영어(모든 분야에서 영어 통용)

한눈에 보는 몰타(Malta)

몰타Malta의 고조 섬, 코미노 섬은 유럽의 지도상에서도 눈에 잘 띄지 않는 곳이지만, 지중해의 중요한 전략적 요충지로서 수세기 동안 항해사와 침략자들의 침입을 받아 온 곳이다. 몰타는 최근 한 달 살기와 유럽 은퇴자의 천국으로 유명하다.

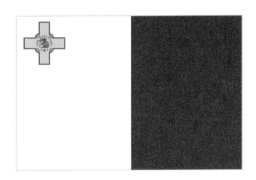

사회, 문화
지중해 문화가 지배적이지만 가장 최근에 영국의 지배를 받은 몰타에는 생활면에서 영어를 사용하고 교통체계도 영국의 영향을 받아서 '지중해에 있는 영국' 같은 느낌을 받는다. 하지만 성 요한 기사단이 만들어 놓은 성들과 가톨릭의 영향을 보면 아직 지중해의 문화가 느껴진다.

인구
인구의 대부분은 발레타Valletta와 그 주변 위성도시인 슬리에마Sliema와 세인트 줄리언스St. Julians에 살고 있다. 고조 섬에는 약 3만 여명이 살고 있는 작은 섬이다. 코미노 섬에는 약간의 농부만이 살고 있고 겨울에는 약 10여 가구만이 섬을 지키고 있다.

지형
몰타는 시칠리아 섬 남쪽으로 약 93km 떨어진 곳에 있으며 3개의 유인 섬인 몰라, 고조, 코미노 섬으로 구성되어 있다. 토양은 척박하고 바위가 많아서 농사를 짓기가 힘들다. 나무가 거의 없어 1년 내내 거칠고 태양이 바랜 듯한 삭막한 풍경이 몰타를 둘러싸고 있다. 초록을 보기 힘들 정도로 농사가 힘들어 지금도 대부분의 과일과 식량은 수입하고 있다.

Contents

〉〉 몰타 여행에 꼭 필요한 Info

MEDITERRANEAN
SEA

>> 몰타

몰타 IN
몰타 공항 미리보기
몰타 투어버스 Hop-On Hop-Off

>> 발레타

핵심 도보여행 / 개념 지도
볼거리
트리톤 분수 / 독립 기념비 / 발레타 올드 타운 / 성 요한 대성당 / 성 바울 난파 교회
성 엘모 요새 / 국립 고고학 박물관 / 마노엘 극장 / 그랜드 하버 / 로어 바라카 정원
어퍼 바라카 정원 / 예포 발사식 / 타르시안 정원
EATING
SLEEPING

>> 쓰리 시티즈

쓰리 시티즈에 요새가 만들어진 이유 / 간략한 쓰리 시티즈 역사
쓰리 시티즈 IN
볼거리
성 안젤로 성곽 / 가르디올라 공원 / 종교 재판소 / 비르구 마리나 & 워터 프론트
쓰리 시티즈의 골목

MALTA

About 몰타

중요한 지리적 위치

지중해 한가운데 이탈리아와 리비아 사이에 있는 6개의 섬으로 이루어진 나라이다. 이 나라는 6개의 섬을 합쳐도 서울의 반 정도밖에 안 되는 작은 나라이다. 몰타는 유럽과 북부 아프리카의 중간에 위치해 있어서 지중해를 지나려면 거쳐야 하는 지리적으로 매우 중요한 곳이다.

성 요한 기사단의 도시, 발레타(Valletta)

발레타Valletta는 건축학적으로 아주 화려한 도시로 외형상으로는 16세기 이후로 거의 변하지 않은 인구 25만 명의 도시이다. 몰타 정부가 있는 발레타에서는 남동쪽으로 거대한 그랜드 항구Grand Harbour와 북서쪽으로 마르삼세트Marsamxett Harbour가 내려다보인다.

스페인과 포르투갈의 성 요한 기사단 궁전으로 사용했지만 현재 수상 관저가 들어서 있으며 일반에는 공개하지 않고 있다. 근처의 어퍼 바라카 정원Upper Barrakka Gardens에서 항구의 멋진 전경을 볼 수 있다.

슬리에마(Sliema) & 세인트 줄리안스(St. Julian's)

현대적인 분위기와 쇼핑몰 상점들이 늘어서 있어서 전형적인 몰타의 분위기와 다른 곳이다. 젊은이들이 저녁 늦은 시간까지 즐길 수 있는 장소가 슬리에마Sliema & 세인트 줄리안스St. Julian's이다. 분위기를 느낄 수도 있으며 즐거운 나이트 라이프를 즐길 수 있어서 현대적인 분위기의 슬리에마Sliema로 저녁에 몰려들기 시작한다.

임디나(Mdina)

기사단이 그랜드 하버 주변에 정착할 때까지 몰타의 정치적 중심지는 임디나Mdina였다. 쉽게 방어할 수 있는 내륙의 암벽 위에 위치한 임디나Mdina는 3,000년 이상 요새 도시였다. 임디나Mdina의 좁고 조용한 거리를 돌아다니며 산책하는 것도 좋은 시간이 된다. 아름다운 중앙 광장과 임디나Mdina 지하 감옥도 둘러보자.

북부 해안(North Coast)

위로 돌출되어 있는 북부 해안은 비교적 사람이 살지 않는 곳으로 트레킹에 적합한 지역이다. 트레킹이 아니라면 고조 섬으로 이동하기 위해 배를 타기 위해 이동하는 장소로 생각하지만 세인트 폴스 베이St. Paul's Bay 서쪽에 위치한 멜리에하Mellidha 모래 해변은 사람들로 북적이지만 몰타에서 가장 멋진 해변으로 유명하다.

남부 해안(South Coast)

남부 해안은 관광을 위해 많이 이동하는 지역은 아니다. 하지만 흥미로운 사원인 크렌디 Qrendi 마을 부근의 하가르킴Hagar과 음나즈드라Mnaajdra 사원을 보기 위해 유럽의 관광객들 이 최근에 즐겨 찾고 있다.

고조 섬(Gozo Island)

고조 섬Gozo Island은 몰타 섬보다 작지만 독특한 특징이 있다. 수도인 빅토리아Victoria이지만 시골 풍경이 더 매력적으로 다가오기 때문에 관광객들은 생활은 느긋한 풍경을 보고 싶어 한다. 하루 만에 후딱 돌아볼 수도 있지만 천천히 섬을 둘러본다면 17세기의 요새 위에서 멋진 전경을 볼 수 있을 것이다.

코미노 섬(Comino Island)

고조 섬Gozo Island에서 대부분의 여행자들은 작은 휴양지인 코미노 섬Comino Island를 방문한다. 코미노 섬Comino Island은 몰타의 휴양지로 블루라군Blue Lagoon에서 잔잔하게 다가오는 파도와 얕은 바다에서 즐길 수 있다.

몰타 여행 잘하는 방법

1. 도착하면 관광안내소(Information Center)를 가자.

낯선 도시에 도착하면 해당 도시의 지도를 얻기 위해 관광안내소를 찾는 것이 좋다. 공항에서 나오면 왼쪽에 관광 안내소가 있다. 환전소를 잘 몰라도 문의하면 친절하게 알려준다. 방문기간에 이벤트나 변화, 각종 할인쿠폰이 관광안내소에 비치되어 있을 수 있다.

2. 심(Sim)카드나 무제한 데이터를 활용하자.

공항에서 시내로 이동을 할 때 자신의 위치를 알고 이동하는 것이 편리하다. 다행히 몰타에는 택시를 타도 바가지요금은 없다. 자신이 예약한 숙소를 찾아가는 경우에도 구글맵이 있으면 쉽게 숙소도 찾을 수 있어서 스마트폰의 필요한 정보를 활용하려면 데이터가 필요하다. 심카드를 사용하는 것은 매우 쉽다.

정면에서 오른쪽에 보다폰 Vodafone 매장에 가서 스마트폰을 보여주고 사용하려고 하는 날짜를 선택하면 매장의 직원이 알아서 다 갈아 끼우고 문자도 확인하여 이상이 없으면 돈을 받는다. 만약 공항에서 심Sim카드를 바꾸지 못했다면 발레타나 시내의 보다폰 매장에서 심Sim카드를 이용할 수 있다.

3. 유로를 사용할 수 있다.

공항에서 시내로 이동하려고 할 때 버스를 가장 많이 이용한다. 이때 몰타 화폐가 필요하지 않다. 몰타는 '유로(€)'를 사용하므로 미리 한국에서 필요한 돈을 환전해 오면 된다. 다만 달러는 사용할 수 없으므로 달러를 가지고 있다면 환전해야 한다. 환전소는 어디든 동일하므로 필요한 금액만을 먼저 환전해도 상관이 없다.

4. 버스에 대한 간단한 정보를 갖고 출발하자.

몰타는 현지인들이 버스를 많이 이용하기 때문에 버스가 중요한 시내교통수단이다. 버스정류장도 잘 모르고 발레타나 다른 도시를 가려고할 때 버스를 몰라 당황하는 경우가 많이 발생한다. 같이 여행하는 인원이 3명 이상이면 택시를 활용해도 여행하기가 불편하지 않다. 다만 렌트카를 이용해 여행하는 것은 추천하지 않는다. 운전이 험하고 표지판을 보

아도 어디인지 알 수 없어 렌트카로 원하는 곳을 찾기가 쉽지 않아 제한이 있을 수 있다. 버스를 타고 이동하려면 사전에 버스표를 구입하여야 한다. 그런데 몰타여행 기간 동안 사용할 버스나 고조 섬을 가기 위한 페리까지 사용할 대중교통을 사용하려면 몰타 섬의 교통에 대한 설명을 듣고 나서 여행자용 카드를 사용하는 것이 저렴하고 편리하다.

5. '관광지 한 곳만 더 보자는 생각'은 금물

몰타는 쉽게 갈 수 없는 해외여행지이다. 그래서 몰타에서 관광지를 다 보고 오겠다는 생각을 하고 무리하게 일정을 다니면 탈이 날 수 있다. 사람마다 생각이 다르겠지만 평생 한번만 갈 수 있다는 생각을 하지 말고 여유롭게 관광지를 보는 것이 좋다.

한 곳을 더 본다고 여행이 만족스럽지 않다. 자신에게 주어진 휴가기간 만큼 행복한 여행이 되도록 여유롭게 여행하는 것이 좋다. 몰타는 여유롭게 지내면서 자신을 돌아볼 수 있는 여행지이다. 편안한 마음으로 여행한다면 오히려 더 여유롭게 여행을 하고 만족도도 더 높을 것이다.

6. 아는 만큼 보이고 준비한 만큼 만족도가 높다.

몰타의 관광지는 몰타 기사단 역사와 긴밀한 관련이 있다. 그런데 아무런 정보 없이 본다면 재미도 없고 본 관광지는 아무 의미 없는 장소가 되기 쉽다. 1박2일이어도 역사와 관련한 정보는 습득하고 몰타 여행을 떠나는 것이 준비도 하게 되고 아는 만큼 만족도가 높다.

7. 예약과 팁(Tip)에 대해 관대해져야 한다.

몰타는 팁을 받지 않는 레스토랑이 대부분이다. 팁에 대해 미국처럼 신경을 쓰지 않아도 되어 편하게 이용할 수 있다. 고급 레스토랑에서 추가적인 서비스를 한다면 반드시 해당하는 서비스비용을 추가로 받는 것이 원칙이다. 또한 예약이 필수인 레스토랑은 무작정 들어가서 앉으려고 하다가 문제가 생기고 있으니 예약과 팁에 대해 알고 레스토랑에 입장하는 것이 좋겠다.

몰타에 관광객이 급격히 증가하는 이유 8가지

안전한 몰타

겨울에도 따뜻한 지중해성 기후로 따뜻하고 풍부한 볼거리에 주변의 해안에서 잡아 올린 해산물을 비롯한 다양한 먹거리가 많다고 해도 안전하지 않다면 관광객이 몰려들지 않을 것이다. 몰타는 유럽에서 가장 안전한 국가로도 알려져 있을 정도로 안전하다. 밤에도 어디든 다니면서 분위기를 느낄 수 있어서 여행하기에 만족스러운 곳이다.

풍부한 볼거리, 먹거리

볼거리가 풍부하고 어디에나 있는 바다를 접해 식재료가 풍부해 먹거리 또한 풍부하다. 왕좌의 게임에도 나올 만큼 아름다운 발레타의 도시풍경은 몰타 여행의 핵심이다.

떠오르는 유럽의 은퇴자들의 천국, 신혼여행지

몰타는 이탈리아의 시칠리아 섬 아래에 위치한 지중해에 있는 작은 섬이다. 대한민국의 제주도 1/6크기에 불과한 작은 섬이다. 1년 내내 화창하고 맑은 날씨와 에메랄드빛의 아름다운 바다가 어디에든 있어 은퇴자들의 휴양지이자 신혼여행을 즐기기 위한 여행지로 떠오르고 있다.

저렴한 물가

볼거리와 먹거리가 풍부한 몰타지만 최근에 휴양지와 신혼여행지로 각광을 받고 있는 중요한 이유 중에 하나가 저렴한 물가이다. 영국의 식민지였던 몰타는 영어가 공용어로 사용되고 있어 한 달 살기와 어학연수지로 인기를 얻고 있다.

중세도시 분위기

시칠리아 섬의 밑, 지중해 한가운데 있어서 예부터 지중해를 오가는 사람들이 중간에 쉴 수 있는 섬으로 각인이 되면서 몰타의 존재는 알려지기 시작했다. 중세의 도시 분위기가 그대로 남아있는 발레타는 도시 전체가 세계 문화유산으로 등재되어 있다.

복합적인 역사

사도바울이 처음 복음을 전파한 유럽의 성지순례지로 알려져 있지만 예로부터 유럽의 나라들과 이슬람 국가들이 이 섬을 서로 차지하려고 전쟁을 벌였다. 이 때문에 몰타 사람들은 오랫동안 다른 민족의 침략을 받으며 살아야 했지만 이러한 어려움을 이겨 내고 현재는 유럽의 한 나라로 인정받고 있다.

지천에 널린 아름다운 해변

반복되는 일상에 지친 마음에 활기를 불어넣기에는 역시 해변에 누워 편히 쉬는 게 최고일 것이다. 슬렌디에서 남동쪽으로 약 15㎞ 가면 대표적인 몰타의 해변, 골든 샌드 비치가 나온다. 25㎞ 떨어진 세인트 조지 비치에 가서 느긋하고 편안한 휴가를 즐기는 사람들을 쉽게 만나볼 수 있다.

일정에 여유가 있다면 남동쪽으로 25㎞ 거리에 있는 세인트 조지 비치도 사람들의 발길이 이어지는 멋진 명소에 가보자. 지천에 널린 아름다운 해변으로 인해 몰타는 해양스포츠의 천국으로 거듭나고 있기도 하다.

소확행의 대표적 여행지

몰타에서는 먼 과거를 떠올리게 하는 선사시대 유적도 있지만 16세기 발레타의 도시풍경과 임디나의 언덕 꼭대기 마을도 장관이다. 이처럼 몰타의 골목길 어디든 여유를 즐길 수 있다. 조용한 골목길마다 황토색 건물에 열정적인 색으로 튀어나온 베란다는 자체적으로 유유자적할 수 있게 만든다. 그래서 사람들은 몰타를 소확행을 즐길 수 있는 대표적인 여행지라고 한다. 어디에서나 파도가 잔잔하여 해변을 즐기면 하루는 너무 빨리 지내간다.

몰타에서 열리는 축제나 공연도 유료라고 해도 무료로 근처의 사람들도 즐길 수 있도록 개방감 있게 보여주기 때문에 돈이 없어도 여유롭게 다닐 수 있다.

VICTORIA

Ggantija

Qala

Nadur

Xlendi

Xewkija

Mgarr

Sannat

North Comino Channel

CO

Mgarr
Harbour

South Comino Channel

Cirkewwa
(Marfa Point)

Ramla Bay

Paradise
Bay

Mel
B.

Ghadira

Manikata

Ghajr
Truffie

Golden Bay

Gnejna Bay

Mgarr

MALTA

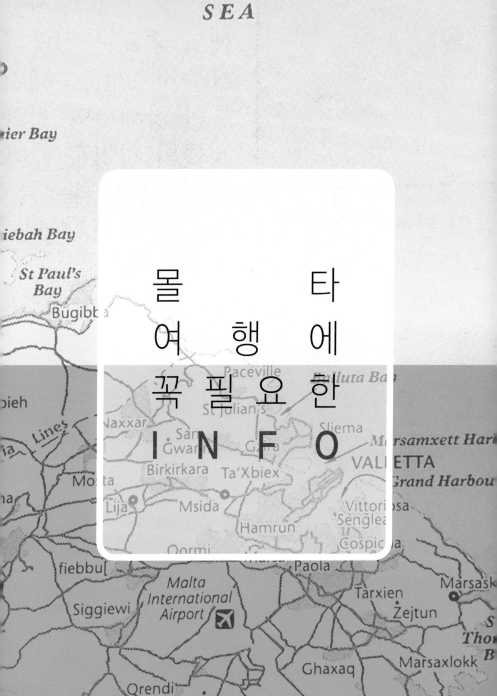

몰　　　타
여　행　에
꼭 필요한
I N F O

한눈에 보는 몰타의 역사

기원전 3600~기원전2500년
이 시기에 건설되어 잘 보존되어 온 몰타의 거석사원들은 세계에서 가장 오래된 독립구조
물이다.

기원전800~기원전218년
몰타는 페니키아의 지배를 받았고 마지막 250년 동안 페니키아의 중요한 북아프리카 식민
지였던 카르타고의 지배를 받았다. 그렇지만 로마와 카르타고 간의 포에니 전쟁 후 몰타는
로마 제국의 일부가 된다.

870년~15세기
아랍인들이 북아프리카에서 870년 도착하지만 1090년 노르만 왕인 시칠리아의 로저에게
쫓겨나게 된다. 그 이후에 400년동안 몰타의 역사는 시칠리아와 연계되며 몰타의 통치자
는 노르만, 프랑스 앙주족, 아라곤과 카스티야 왕족이 이어 계승하였다.

1530년~18세기 후반
스페인은 몰타 섬을 예루살렘의 성 요한 기사단에게 내주게 된다. 섬을 빌려준 대가로 받
은 임대료는 1년에 몰타 산 매 2마리였다. 1마리는 왕에게, 1마리는 시칠리아 총독에게 보내
졌다.

1798~1945년
나폴레옹이 도착하여 지중해에 대한 영국의 영향력에 도전하게 되었다. 몰타는 1800년 영
국의 원조로 프랑스를 패배시키고 1814년 공식적으로 영국제국의 일부가 되었다. 2차 세계
대전 동안 영국은 몰라를 주요 해상기지로 개발하였다.

2차 세계대전 이후
1947년 몰타에 자치 정부가 들어서고 게오르그 보르그 올리비에 박사가 1964년 도미니크
민토프가 공화국을 세우고 수상이 되면서 독립국가로 세상에 이름을 알리게 되었다.

몰타 여행 밑그림 그리기

우리는 여행으로 새로운 준비를 하거나 일탈을 꿈꾸기도 한다. 여행이 일반화되기도 했지만 아직도 여행을 두려워하는 분들이 많다. 몰타는 유럽에 있는 작은 섬이기 때문에 어떻게 여행을 해야 할지부터 걱정을 하게 된다. 아직 정확한 자료가 부족하기 때문이다. 지금부터 몰타 여행을 쉽게 한눈에 정리하는 방법을 알아보자. 몰타 여행준비는 절대 어렵지 않다. 단지 귀찮아 하지만 않으면 된다. 평소에 원하는 몰타 여행을 가기로 결정했다면, 준비를 꼼꼼하게 하는 것이 중요하다.

일단 관심이 있는 사항을 적고 일정을 짜야 한다. 처음 해외여행을 떠난다면 몰타 여행도 어떻게 준비할지 몰라 당황하게 된다. 먼저 어떻게 여행을 할지부터 결정해야 한다. 아무것도 모르겠고 준비를 하기 싫다면 패키지여행으로 가는 것이 좋다. 하지만 몰타는 패키지여행 상품이 없다. 몰타 여행은 이탈리아 여행을 포함해 4박5일, 5박6일, 7박8일 여행이 가장 일반적이다. 해외여행이라고 이것저것 많은 것을 보려고 하는 데 힘만 들고 남는 게 없는 여행이 될 수도 있으니 욕심을 버리고 준비하는 게 좋다. 여행은 보는 것도 중요하지만 같이 가는 여행의 일원과 같이 잊지 못할 추억을 만드는 것이 더 중요하다.

다음을 보고 전체적인 여행의 밑그림을 그려보자.

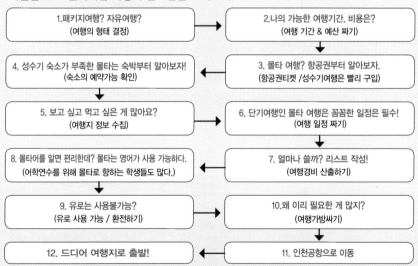

결정을 했으면 일단 항공권을 구하는 것이 가장 중요하다. 전체 여행경비에서 항공료와 숙박이 차지하는 비중이 가장 크지만 너무 몰라서 낭패를 보는 경우가 많다. 평일이 저렴하고 주말은 비쌀 수밖에 없다. 몰타에서 로마를 왕복하는 저가항공인 몰타항공부터 확인하면 항공료, 숙박, 현지경비 등 편리하게 확인이 가능하다.

패키지여행 VS 자유여행

전 세계적으로 몰타로 여행을 가려는 여행자가 늘어나고 있다. 대한민국의 여행자는 이탈리아에 집중되어 몰타에는 한국인 관광객이 많지 않다. 그래서 더욱 누구나 고민하는 것은 여행정보는 어떻게 구하지? 라는 질문이다. 그만큼 몰타에 대한 정보가 매우 부족한 상황이다. 그래서 처음으로 몰타를 여행하는 여행자들은 패키지여행을 선호하지만 상품이 없어서 여행을 포기하는 경우가 많았다.

20~30대 여행자들이 늘어남에 따라 자유여행을 선호하고 있다. 이탈리아를 여행하고 이어서 이탈리아 밑의 몰타로 여행을 다녀오는 경우도 상당히 많다. 몰타의 1주일 여행이나, 몰타와 이탈리아 여행까지 2주일의 여행 등 새로운 형태의 여행형태가 늘어나고 있다. 단 몰타는 먼 거리의 여행이므로 여행 일정은 미리 확인하는 것이 좋다. 장기여행자들은 호스텔을 이용하여 친구들과 여행을 즐기는 경우가 있다.

편안하게 다녀오고 싶다면 패키지여행(X)
몰타가 뜬다고 하니 여행을 가고 싶은데 정보가 없고 나이도 있어서 무작정 떠나는 것이 어려운 여행자들은 편안하게 다녀올 수 있는 패키지여행을 선호한다. 다만 아직까지 많이 가는 여행지는 아니다 보니 패키지 상품이 없다.

연인끼리, 친구끼리, 가족여행은 자유여행 선호
2주정도의 긴 여행이나 젊은 여행자들은 이탈리아와 같이 몰타를 여행하려고 한다. 특히 유럽여행을 다녀온 여행자는 이탈리아와 몰타에서 자신이 원하는 관광지와 맛집을 찾아서 다녀오고 싶어 한다. 여행지에서 원하는 것이 바뀌고 여유롭게 이동하며 보고 싶고 먹고 싶은 것을 마음대로 찾아가는 연인, 친구, 가족의 여행은 단연 자유여행이 제격이다.

몰타 여행 계획 짜는 비법

1. 주중 or 주말
몰타 여행도 일반적인 여행처럼 비수기와 성수기가 있고 요금도 차이가 난다. 7~8월의 성수기를 제외하면 항공과 숙박요금도 차이가 있다. 비수기나 주중에는 할인 혜택이 있어 저렴한 비용으로 조용하고 쾌적한 여행을 할 수 있다. 주말과 국경일을 비롯해 여름 성수기에는 항상 관광객으로 붐빈다. 황금연휴나 여름 휴가철 성수기에는 항공권이 매진되는 경우가 허다하다.

2. 여행기간
몰타 여행을 안 했다면 "몰타가 어디야?"라는 말을 할 수 있다. 하지만 일반적인 여행기간인 3박4일의 여행일정으로는 모자란 관광명소가 된 나라가 몰타이다. 몰타 여행은 대부분 6박7일의 일정이 많지만 몰타의 깊숙한 면까지 보고 싶다면 2주일 여행은 가야 한다.

3. 숙박
성수기가 아니라면 몰타의 숙박은 저렴하다. 숙박비는 저렴하고 가격에 비해 시설은 좋다. 주말이나 숙소는 예약이 완료된다. 특히 여름 성수기에는 숙박은 미리 예약을 해야 문제가 발생하지 않는다.

4. 어떻게 여행 계획을 짤까?
먼저 여행일정을 정하고 항공권과 숙박을 예약해야 한다. 여행기간을 정할 때 얼마 남지 않은 일정으로 계획하면 항공권과 숙박비는 비쌀 수밖에 없다. 특히 몰타처럼 뜨는 여행지는 항공료가 상승한다. 저가 항공이 취항하고 있으니 저가항공을 잘 활용한다. 숙박 시설도 호스텔로 정하면 비용이 저렴하게 지낼 수 있
다. 유심을 구입해 관광지를 모를 때 구글맵을 사용하면 쉽게 찾을 수 있다.

5. 식사
몰타 여행의 가장 큰 장점은 물가가 매우 저렴하다는 점이다. 그렇지만 고급 레스토랑은 몰타도 비싼 편이다. 한 끼 식사는 하루에 한번은 비싸더라도 제대로 식사를 하고 한번은 마트에서 현지인처럼 저렴하게 한 끼 식사를 하면 적당하다. 시내의 관광지는 거의 걸어서 다닐 수 있기 때문에 투어를 이용할 경우는 많지 않다.

몰타 여행 계획하기

몰타는 이탈리아의 시칠리아 섬 아래에 위치한 지중해에 있는 작은 섬으로 대한민국의 제주도의 크기에 1/6에 불과하다. 1년 내내 화창하고 맑은 날씨와 에메랄드빛의 아름다운 바다를 가져 휴양지, 허니문 등을 즐기기 위한 여행지로 최근에 관광객이 급격하게 늘어나고 있다. 하지만 몰타 섬에서 도시를 이동할 때 의외로 시간 소요가 많은 탓에 여행을 하려면 '일정 배정'을 잘해야 한다. 몰타 전체를 여행하려면 7일이상의 시간이 필요하다. 그래서 5일 이하의 짧은 여행이라면 몰타의 북부, 중부, 남부로 나누어서 중요 지역만 여행하는 것이 좋다. 최근에는 15일 동안 몰타 각 도시들을 천천히 즐기면서 여행하는 트렌드로 바꾸고 있다.

1. 일정 배정
몰타 본섬에서 고조 섬과 코미노 섬을 여행하려면 하루는 족히 필요하다. 대부분의 관광객이 반나절 만에 다녀오려고 하다가 여행 일정이 꼬여 난감해 하기도 한다. 여행일정 배정을 잘못하면 여행이 쉽지 않다는 특징을 알고 여행일정을 배정해야 한다.
예를 들어, 처음 몰타 여행을 시작하는 여행

자들은 수도인 발레타에서 임디나Mdina와 남부의
블루 그루토Blue Grutto까지 반나절 만에 다녀오려고
계획하고 오전 12시 전에 출발하면 3시에는 도착
을 할 것이라고 생각하고 여행 계획을 세우고 다
음 도시로 이동해 여행하는 일정을 세우지만 일정
이 생각하는 것만큼 맞아 떨어지지 않는다.

2. 도시 이동 간 여유 시간 배정
몰타 여행에서 수도인 발레타에 숙소를 정하고 발
레타에서 슬리에마와 세인트 줄리안스를 지나 부
지바와 멜리에하로 이동하는 데 3~4시간이 걸린
다고 하면 아무리 오전에 출발한다고 해도 오후까
지 여행을 한다면 밤이 될 것이다. 하지만 조금 더
여유롭게 이동하는 시간으로 생각하고 그 이후 일

정을 비워두는 것이 좋다. 왜냐하면 몰타는 이동하는 시간이나 버스 갈아타기 등 생각하지
못한 변화가 발생하여 의외로 이동하는 버스에서 변화무쌍한 일이 발생한다. 그래서 유럽
의 여행자들은 투어버스를 이용해 다니는 경우가 많지만 시간 변화에 대응하면서 이해하
고 웃으면서 넘어간다.
특히 몰타 본섬에서 작은 고조 섬과 코미노 섬으로 이동을 하는 경우에 여유 시간을 생각
해야 한다. 고조 섬에서 코미노 섬으로 이동을 하는 시간도 의외로 시간이 많이 소요된다.
그래서 당일치기 투어로 부지바에서 출발하는 관광객도 상당히 많다.

3. 마지막 날 공항 이동은 여유롭게 미리 이동하자.
대중교통이 아직 대한민국처럼 발달하지 않은 몰
타는 대한민국의 상황으로 이해하려고 하면 안 된
다. 특히 마지막 날, 이른 아침 비행기라면 공항으
로 가는 버스 시간표를 확인하고 버스가 오지 않
은 상황까지 대비해 택시를 타고 이동할 방법도
생각해야 한다. 새벽 5~6시에는 택시도 거의 다니

지 않아서 택시를 타는 것도 쉽지 않으므로 촉박하게 시간을 맞춰 이동한다면 비행기를 놓
치는 경우가 발생한다.

4. 숙박 오류
몰타만의 문제는 아닐 수 있으나 최근의 자유여행을 가는 여행자가 많아지면서 동남아시
아든 유럽이든 숙박의 오버부킹이나 오류가 발생할 수 있다는 것이다. 분명히 호텔 예약을
했으나 오버부킹이 되어 미안하다고 다른 호텔이나 숙소를 알아봐야겠다고 거부당하기도
하고, 부킹닷컴(Booking.com)이나 에어비엔비(Airbnb) 자체시스템의 오류가 생기는 경우도
발생하고 있으니 사전에 숙소에 메일을 보내 확인하는 것이 중요하다.

특히 아파트를 숙소로 예약했다면 호텔처
럼 직원이 대기를 하고 있는 것이 아니므
로 열쇠를 받지 못해 체크인을 할 수 없는
경우가 많다. 아파트는 사전에 체크인 시
간을 따로 두기도 하고 열쇠를 받는 방법
이나 만나는 시간과 장소를 정확하게 알
고 있어야 한다. 사전에 메일을 주고받아
서 체크인 시간과 열쇠를 넣어놓는 함의
비밀번호 등을 확인해야 숙소로 들어가지
못하고 대기하는 시간을 줄일 수 있다.

5. 차량 이동 문제
몰타 여행자가 늘어나면서 쉴 새 없이 시내버스는 현지인과 여행자를 실어 나르고 있다.
그래서 출, 퇴근 시간에 도시에 가까워지면 차량정체가 심하기도 하다. 편리하고 빠르게
여행을 하기 위해 렌터카를 타고 다니다가 정비가 안 되어 길에서 멈추거나 차량 간의 사
고, 도로파손, 도시 내로 들어서 출 퇴근 시간에 걸려 정체가 발생이 되기도 하여, 렌터카
가 버스보다 이동시간보다 오래 소요되는 경우도 발생하고 있다.

6. 뜨거운 햇빛과 더운 날씨 문제
몰타는 아프리카 대륙 위의 작은 섬으로
햇빛이 정말 강하다. 또한 5월부터 여름뿐
만 아니라 10월초에도 상당히 덥다.
아무리 여행을 하고 싶어도 여행을 할 수
없을 정도로 강한 햇빛에 쉬었다가 시원
해지는 4시 이후로 여행을 해야 할 수도
있다. 더운 날씨에 건강을 고려하지 않고
무리하게 여행을 하다가 일사병 증세가
발생할 수 있으므로 뜨거운 날씨라면 쉬
었다가 여행을 하도록 하자.

몰타 여행 추천 일정

1일차 | 발레타만 1일차
첫날에 발레타Valletta에 도착한 시간이 오후라면 발레타 시내를 야간까지 둘러보고 숙소로 들어온다. 낮 12시 정도에 발레타Valletta로 들어오면 숙소에서 잠깐 쉬었다가 발레타 시내를 여행하거나 골목이 많은 임디나Mdina로 관광을 하면 무리가 되는 일정은 아니다.

2일차 | 위의 고조 섬과 코미노 섬
몰타 본섬에서 고조 섬과 코미노 섬을 여행하려고 할 때, 언제 여행을 할지도 고민하게 된다. 여행 일정이 뒤로 밀릴수록 섬으로 이동하는 것이 쉽지 않으므로 자유여행으로 이동한다면 하루 종일 고조 섬과 코미노 섬을 여행하는 것이 좋다.
아침 일찍 선착장으로 이동하여 출발하여 고조 섬으로 이동해 여행하고 오후에 코미노 섬으로 투어를 이용해 여행하는 것이 가장 좋은 방법이다. 하지만 투어를 신청하여 간다면 이동시간을 고려하지 않고 편하게 부지바Buggiba에서 오전 9시에 출발하여 저녁에 도착하여 게 될 것이다.

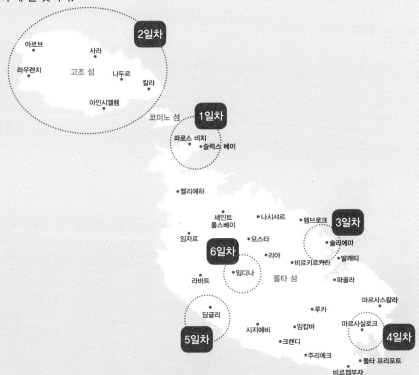

3일차 | 슬리에마와 세인트 줄리안스

하루는 발레타와 슬리에마, 세인트 줄리안스까지 하루 종일 여행하는 것도 이동하는 동선을 합리적으로 선택하는 방법이다. 만약 발레타를 오전에 둘러보고 더운 오후에는 버스 터미널에서 슬리에마로 이동해 식사를 하고 슬리에마와 세인트 줄리안스를 연속으로 둘러보면 좋다.

4~5일차 | 4일차 오른쪽 동부 밑부분의 마샤슬록과 그 밑에 거석사원과 블루 그루토

5일차 왼쪽의 부지바 멜리에하 남쪽의 딩글리

발레타에서 몰타의 동부의 마샤슬록과 남부의 거석 사원과 블루그루토로 이동하는 코스로 하루. 다시 발레타로 돌아와서 서부의 부지바와 멜리에하, 남서부의 딩글리로 이동을 하는 동선이 합리적이다.

6~7일차 | 내륙의 임디나와 라바트

4박5일 정도의 일정으로 몰타 전체를 보기에는 시간적으로 부족하므로 6박7일 여행 일정이 가장 관광객이 많이 선택하는 여행일정이다. 내륙의 임디나와 라바트로 이동을 하는 코스는 모스타와 같이 여행하는 동선이 좋다. 만약 시간의 여유가 있다면 1일 전체를 발레타와 쓰리 시티즈를 보라고 권한다.

또한 사전에 공항까지 이동하고 탑승 전까지 대기 시간을 여유롭게 두어야 비행기를 놓치지 않는다는 것을 유념하자. 자칫 잘못된 계획으로 여행을 망치는 것보다 여유롭게 여행을 하는 것이 알찬 여행이 될 수 있다.

수도 발레타(Balletta) 추천 여행 코스

트리톤 분수(Triton Fountsin) → 새 의회(New Paarliament) → 국립 고고학 박물관(National Museum of Archaeology) → 성 요한 대성당(St. Johns Co—Cathedral) → 국립 도서관(National Library) → 기사단장 궁전(Grandmasters' Palace) → 마노엘 극장(Manoel Theatre) → 성 엘모 요새(St. Elmo Fortress) → 로어 바라카 정원(Lower Barraca Gardens) → 어퍼 바라카 정원(Upper Barraca Gardens) →바라카 리프트(Barraca Lift) 타고 하강 → 쓰리 시티즈 페리 → 쓰리 시티즈(The Three Cities)

몰타 숙소에 대한 이해

몰타 여행이 처음이고 자유여행이면 숙소예약이 의
외로 쉽지 않다. 자유여행이라면 숙소에 대한 선택
권이 크지만 선택권이 오히려 난감해질 때가 있다.
몰타 숙소의 전체적인 이해를 해보자.

1. 숙소의 위치
몰타에서 관광객은 몰타의 어느 곳에 숙소를 정해야 할지 고민하게 된다. 유럽과 달리 시
내에 주요 관광지가 몰려있지 않다. 따라서 숙소의 위치가 중요하지는 않다. 그러나 몰타
의 중심지에 있는 숙소를 정하고 싶은 여행자가 많다. 도대체 어디가 중심인지 파악이 쉽
지 않다. 시내에서 떨어져 있다면 도시 사이를 이동하는 데 시간이 많이 소요되어 좋은 선
택이 아니라고 생각한다. 몰타에서 가장 먼저 숙소를 정하기 좋은 곳은 수도인 발레타
Valletta와 그 옆에 있는 슬리에마Sliema, 세인트 줄리안스St. Julian's이다. 이 3곳이 가장 몰
타에서 중심 지역이다.

2. 숙소예약 앱의 리뷰를 확인하라.
몰타 숙소는 몇 년 전만해도 호텔과 호스텔이 전부였다. 하지만 에어비앤비를 이용한 아파
트도 있고 다양한 숙박 예약 앱도 생겨났다. 가장 먼저 고려해야 하는 것은 자신의 여행비용
이다. 항공권을 예약하고 남은 여행경비가 5박6일에 40만 원 정도라면 호스텔을 이용하라고
추천한다. 몰타에는 많은 호스텔이 있어서 호스텔도 시설에 따라 가격이 조금 달라진다.
숙소예약 앱의 리뷰를 보고 한국인이 많이 가는 호스텔로 선택하면 선택해 문제가 되지는
않을 것이다. 호텔도 숙소의 상황이 좋은 것도 아니다. 몰려드는 관광객으로 인해 호텔이
늘어나면서 호텔의 수준이 떨어지는 곳도 많아졌다. 차라리 아파트를 구하는 것이 더 저렴
하게 숙소를 이용할 수 있지만 상대적으로 아파트가 많지 않다.

3. 내부 사진을 꼭 확인
호텔의 비용은 7~15만 원 정도로 저렴한 편이다. 호텔의 비용은 우리나라호텔보다 저렴하
지만 시설이 좋지는 않다. 오래된 건물에 들어선 건물이 아니지만 관리가 잘못된 호텔이
의외로 많다. 반드시 룸 내부의 사진을 확인하고 선택하는 것이 좋다.

4. 에어비앤비를 이용해 아파트 이용방법
시내에서 얼마나 떨어져 있는지를 확인하고 숙소에 도착해 어떻게 주인과 만날 수 있는지
전화번호와 아파트에 도착할 수 있는 방법을 정확히 알고 출발해야 한다. 아파트에 도착했
어도 주인과 만나지 못해 아파트에 들어가지 못하고 1~2시간만 기다려도 화도 나고 기운
도 빠지기 때문에 여행이 처음부터 쉽지 않아진다.

알아두면 좋은 몰타 숙소 이용 팁(Tip)

1. 미리 예약해도 싸지 않다.
일정이 확정되고 호텔에서 머물겠다고 생각했다면 먼저 예약해야 한다. 임박해서 예약하면 같은 기간, 같은 객실이어도 비싼 가격으로 예약을 할 수 밖에 없다는 것이 호텔 예약의 정석이지만 여행일정에 임박해서 숙소예약을 많이 하는 특성을 아는 숙박업소의 주인들은 일찍 예약한다고 미리 저렴하게 숙소를 내놓지는 않는다.

2. 취소된 숙소로 저렴하게 이용한다.
몰타 여행에서는 숙박당일에도 숙소가 새로 나온다. 발레타, 슬리에마, 세인트 줄리안스가 아니면 마샤슬록, 부지바, 멜리에하 등의 예약을 취소하여 당일에 저렴하게 나오는 숙소들이 있다. 몰타 숙소의 취소율이 의외로 높아서 잘 활용할 필요가 있다.

3. 후기를 참고하자.
호텔의 선택이 고민스러우면 숙박예약 사이트에 나온 후기를 잘 읽어본다. 특히 한국인은 까다로운 편이기에 후기도 적나라하게 숙소에 대해 평을 해놓는 편이라서 숙소의 장, 단점을 파악하기가 쉽다.
몰타 숙소는 의외로 저렴하고 내부 사진도 좋다고 생각해도 의외로 직접 머문 여행자의 후기에는 당해낼 수 없다. 발레타 올드 타운의 유명한 호텔에 내부 사진도 좋고 가격도 저렴하게 책정되어 예약을 하고 가봤는데 지저분하고 침대시트도 깨끗하지 않아 늦은 시간에서야 어쩔 수 없이 잠을 청했던 기억도 있다.

4. 미리 예약해도 무료 취소기간을 확인해야 한다.
미리 호텔을 예약하고 있다가 나의 여행이 취소되든지, 다른 숙소로 바꾸고 싶을 때에 무료 취소가 아니면 환불 수수료를 내야 한다. 그러면 아무리 할인을 받고 저렴하게 호텔을 구해도 절대 저렴하지 않으니 미리 확인하는 습관을 가져야 한다.

5. 에어컨이 없다?
몰타의 해안을 보면서 자연적 분위기에서 머물 수 있는 숙소는 독립된 공간을 사용하여 인기가 많다. 하지만 냉장고도 없는 기본 시설만 있는 것뿐만 아니라 에어컨이 아니고 선풍기만 있는 숙소가 있다. 가격이 저렴하다고 무턱대고 예약하지 말고 에어컨이 있는 지 확인하자. 더운 몰타에서는 에어컨이 쾌적한 여행을 하는 데에 중요하다.

5. 몰타 여행에서 민박

민박을 이용하고 싶은 여행자는 한국인이 운영하는 민박을 찾고 싶어 하는데 민박을 찾기는 쉽지 않다. 민박보다는 호스텔이나 게스트하우스, 홈스테이에 숙박하는 것이 더 좋은 선택이다.

숙소 예약 사이트

Booking.com	부킹닷컴 www.booking.com	airbnb	에어비앤비 www.airbnb.co.kr

몰타 음식 & 맥주

몰타의 음식은 영향과 지배를 받았던 오스만투르크, 이탈리아, 프랑스, 스페인, 그리고 영국까지 다양한 국가의 음식 문화가 지중해 바다를 통해 융합되어 있는 형태다.

몰타 빵(Maltese Bread)

몰타는 빵으로 유명하다. 몰타 사람들이 추천하는 몰타 빵으로 '홉스 탈 말티Hobż Tal-Malti'라고 부른다. 겉은 바삭하고 속은 부드러워서 프랑스의 빵과 비슷한 맛이 난다. 보통 애피타이저로 많이 먹는데, 발사믹 소스와 올리브오일을 곁들여 먹는다.

제빵은 맛있는 현지 빵을 곁들인 국가 특산품이며, 두껍게, 또는 얇게 썰어 신선한 각질의 덩어리는 대부분의 식사에 전채로 제공된다. 어디서나 쉽게 빵집을 발견 할 수 있어서 맛있는 간식을 찾아서 먹을 수 있다. 작고 부드러운 롤을 원한다면 허브, 양파, 토마토를 곁들인 요리가 특히 맛있다.

토끼고기 페넥(Fenek)

몰타에 왔다면 전통적인 몰타음식인 토끼고기를 안 먹어볼 수가 없다. 토끼고기는 몰타에서 자주 쓰이는 식재료이다. 작은 섬 안에서 다양한 식재료를 구하기 어렵던 시기에, 키우기 쉬운 토끼를 요리해 먹기 시작했다는 것이다. 순한 토끼의 모습에 마음이 아플 수 있지만, 경험해 볼 만하다. 먹어보면 닭고기와 흡사한 맛이라는 것을 알게 된다.

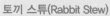

토끼 스튜(Rabbit Stew)

몰타어로 '스투파 탈 페넥Stuffat Tal-Fenek'이라고 부르는 토끼 스튜는 몰타의 대표적인 음식 중 하나이다. 레드와인과 함께 토마토, 마늘, 월계수 등을 넣고 오랫동안 푹 익혀 나와 육질이 연하고 향긋한 냄새가 난다. 토끼는 뼈가 작아서 가끔 뼈를 삼키게 되므로 먹을 때는 조금씩 먹으면서 확인하는 것이 좋다. 대부분 내장이 같이 나오기 때문에 내장을 먹고 싶지 않다면 빼달라고 하면 된다.

카푸나타(Kapunata)
신선한 토마토와, 가지, 고추 등을 넣은 요리로 프랑스 남부의 느낌이 난다. 몰타식의 '라따뚜이'라고 생각하면 된다.

미네스트라(Minestra)
이탈리아의 미네스트로네의 영향을 받은 요리이다. 다양한 채소를 넣고 걸쭉하게 끓인 요리인데, 몰타 빵이 함께 나오는 것이 차이점이다. 올리브 오일을 곁들여 먹으며 보통 겨울에 자주 찾는다.

몰타 소시지(Maltese Sauasge)
가장 대중적인 몰타 음식일 것이다. '잘젯 탈 말티 Zalzett Tal Malti'라고 부르는 몰타 소시지는 마늘, 고수의 향과 소금의 짠 맛이 난다.

피스티찌(Pastizzi)
몰타의 대표적인 페스츄리로 리코타 치즈나 녹색 콩 페이스트를 넣어 오븐에 굽는다. 안에는 고소하고 겉은 바삭한 맛이 일품이라면서 현지 몰타 인들도 한 번에 많이 사간다. 칼로리가 높은 것이 단점이나 더 맛있다.

팀파나(Timpana)
쇠고기, 채소, 토마토 소스, 마카로니, 치즈를 넣고 구운 파이이다.

쥬베이니엣(Ġbejniet)
염소젖이나 양젖으로 만든 몰타의 전통 치즈로 소금에 절이거나, 햇볕에 말리거나, 후추를 넣어 만든다.

치스크(Cisk)
'치스크 Cisk'라는 이름은 스치츄루나 은행 Scicluna Bank에 의해 지역에 도입된 '수표'라는 단어가 오해에서 시작된 단어이다. 기우세페 스치츄루나 Giuseppe Scicluna의 별명이었던 '이크-치스크 Ic-Cisk'에서 유래했다. 치스크 라거 맥주 Cisk Lager Beer는 독특하고 균형 잡힌 특성을 가진 황금색의 바닥 발효 라거이다. 풍부한 홉 향과 기분 좋은 쓴 맛으로 인해 1929년의 레시피에 충실한 오리지널 맥주를 맛보고 싶은 맥주를 마시는 사람들을 위해 시작해 지금은 몰타의 대표 맥주가 되었다. 라거 맥주는 인기가 있으며 몰타 섬 전역에서 소비되고 있다.

몰타 마트

몰타에는 마트가 주위에 많지 않아서 숙소를 정했다면 미리 마트의 위치부터 확인하고 필요한 생수, 음료수, 주류, 스낵 정도는 미리 구입해 놓는 것이 편리하다. 발레타 안에는 저렴한 마트는 없고 작은 구멍가게 정도만 있다. 슬리에마에 유명한 타워 마켓Tower Market과 스코트마켓Scott Market이 있다. 몰타의 대형마트인 그린스Greens와 리들Lidl은 저렴한 가격으로 구입할 수 있는 대한민국의 이마트 같은 곳이다.

리들(Lidl)

대한민국의 이마트와 비슷한 독일에
본사를 대표적인 유럽의 대형유통업체
이다. 대형 마트는 대부분 도시 중심이
아닌 외곽에 위치해 슬리에마Sliema에
서 버스타고 20분 정도 소요되지만 저
렴하게 장을 보고 싶다면 추천한다.
몰타 전역에 있는 리들Lidl의 위치를 미
리 확인하고 가까운 지점을 선택하도
록 하자. 몰타에 사는 유학생들도 자주
가지는 않지만 대용량으로 저렴하게
구입할 수 있는 것들이 너무 많다.

주소_ www.lidl.com.mt
시간_ 월~목요일 7~19시/ 금, 토요일 7~20시
　　　(일요일 휴무)

그린 슈퍼마켓(Greens Super Market)

대한민국의 이마트와 비슷한 독일에
본사를 대표적인 유럽의 대형유통업체
이다. 대형 마트는 대부분 도시 중심이
아닌 외곽에 위치해 슬리에마Sliema에
서 버스타고 20분 정도 소요되지만 저
렴하게 장을 보고 싶다면 추천한다.
몰타 전역에 있는 리들Lidl의 위치를 미
리 확인하고 가까운 지점을 선택하도
록 하자. 몰타에 사는 유학생들도 자주
가지는 않지만 대용량으로 저렴하게
구입할 수 있는 것들이 너무 많다.

주소_ Uqija Street, Ibragg, Is-Swieqi, SWQ 2333
시간_ 월~토요일 7~22시
　　　(금요일은 시간이 조정될 수 있음)
전화_ +356-2137-7247

아시아 푸드 스토어(Asia Food Store(Gzira 그지라 위치))

슬리에마에서 몰타 대학교르 가
는 중간에 있어서 접근성이 좋고
다양한 한국음식을 구입할 수 있
어서 자주 이용하게 된다. 중국인
이 운영하는 곳이라 중국 식재료
는 물론이고 한국 식재료도 상당
히 많다. 작은 슈퍼마켓이지만 짜
파게티 종갓집김치, 간장, 참기름,
고추장, 쌈장, 김, 떡볶이소스, 양
념치킨소스도 있다. 저렴한 가격
은 아니지만 아로마 마켓보다 저
렴한 편이다.

주소_ No. 50, Triq Nazju Ellul, Gzira **시간_** 9~19시(월~토요일 / 일요일 휴무)
요금_ 햇반1.5€(아로마 2.5€) 신라면 0.99€ **전화_** +356-2137-7247

타워 마켓(Tower Market)

슬리에마Sliema에 위치하여 관광
객이 가장 자주 찾게 되는 3층의
마트이다. IELS에서 도보로 5분정
도면 도착할 수 있다. 식재료나
물품의 종류도 많고 가격이 전체
적으로 저렴한 편이다. 1층은 유
제품, 빵, 반찬, 스낵, 파스타, 라
면 등의 식품이 지하 1층은 육류,
주방용품, 지하 2층은 냉동식품,
주류와 음료가 있다.

홈페이지_ www.towersupermarket.com
주소_ High Street, Sliema **시간_** 8~20시(월~토요일 / 일요일 휴무)

스코트 마켓(Scott Market)

슬리애마 끝에 있지만 도보로 약 10분 정도 소요되는 거리에 있는 마트이다. 큰 규모는 아니지만, 없는 물품은 없다. 타워Tower 마켓이 조금 저렴하지만 타워Tower 마켓과 가까이 위치해 일요일에 타워 슈퍼마켓이 문을 닫았을 때 많이 이용한다.

주소_ High Street, Sliema
시간_ 월~토요일 8~20시
　　　일요일 8시 30분~12시 30분)

몰타 와인

몰타의 와인은 페니키아 시대에 2,000
년 이상 전부터 시작되었다. 20세기
초, 마르쇼빙Marsovin과 엠마누엘 델리
카타Emmanuel Delicata 와이너리가 설립
되었다. 1970년대 와인 생산이 많아지
면서 국제 포도 품종이 재배되기 시작
했다.

2004년 유럽연합에 가입한 후 생산자
들은 고품질 와인 생산에 집중하면서
알려지기 시작했다. 몰타의 덥고 습한
기후에서 자란 포도는 북쪽에 있는 포
도보다 빨리 익는다. 독특한 석회암 지
역에 적합한 품종을 재배하기 위해 토
양 샘플을 유럽의 전문가에게 보내 품
종의 번성여부를 확인하고 상품을 개
발했다.

고급 와인으로 알려진 마르쇼빙Marsovin은 유럽 연합 가입 후 고급 DOK와인에 집중했다. 현
재 몰타 와인에 대한 수요가 지속적으로 증가하고 있으며 매년 발레타 에서 와인 축제가
열린다. 오늘날 몰타 섬에서 자란 포도 품종에는 겔레자Gellewza(빨간색)와 그히르젠티나
Ghirgentina(흰색)라는 2가지 품종 뿐만 아니라 여러 국제 품종이 생산되고 있다. 마르쇼빙
Marsovin의 카사르 데 몰티Cassar de Malte는 몰타 의 전통 스파클링 와인이다 .

몰타에서는 마르쇼빙Marsovin, 엠마누엘 델리카타Emmanuel Delicata, 카밀레리Camilleri Wines, 몬테
크리스토Montekristo, 메르디아나Meridiana의 5가지가 주요 와인으로 생산되고 있다. 델리카타
Delicata와 마르쇼빙Marsovin은 1907년과 1919년에 설립되어 가장 대중적인 와인으로 통한다.
메르디아나Merdiana는 1987년에 설립된 최근의 와인이다.

꾸오르 와인 축제(Qormi Wine Festival)

2005년 9월부터 매년 9월 첫째 주에 꾸오르 몰타(Qormi Malta)에서 개최하는 행사이다. 축제는 2일간, 세인트 조지 교회 앞의 거리에서 개최된다.

와인의 종류

카라바조(Caravaggio)
오렌지 꽃의 전형적인 향기로운 과일과 복숭아와 살구의 힌트가 있는 강렬한 포도 향기가 나는 아름다운 달콤한 와인이다. 좋은 농도로 상쾌한 산도를 가지고 있다.

카라바조 메를로(Caravaggio Merlot)
미디엄에서 풀 바디 백포도주는 잘 익은 레몬의 감귤 향과 사과와 꿀의 섬세한 과일 향과 함께 입맛에 상쾌하게 매끄럽다.

안토닌(Antonin)
안토닌(Antonin)은 메르로Merlot, 카베르네 쇼비뇽(Cabernet Sauvignon), 카베르네 프랑(Cabernet Franc) 품종의 중형 레드 와인이다. 잘 익은 블랙베리, 체리, 블루베리의 과일 맛이 나는 와인이다.

안토닌 블랑(Antonin Franc)
와인을 지배하는 까베르네 프랑Cabernet Franc품종의 후추 향과 허브 향이 나는 중간 와인이다.

61

몰타 여행 물가

몰타는 서유럽에 비하면 여행경비가 저렴한 곳이다. 하지만 저렴하다고 하여 동남아시아처럼 여행경비가 저렴하다고 생각하면 오산이다. 물론 저렴하기는 하지만 '너무 싸다'는 생각은 금물이다. 5년 전에는 가능했지만 현재 유럽의 많은 은퇴자와 몰려드는 여행자들로 인해 숙소비용부터 점심이나 저녁식사 비용은 동유럽과 거의 비슷하다. 그러므로 저렴하다는 생각만으로 여행을 왔다면 실망할 가능성이 높다.
여행을 계획하고 실행에 옮기면 가장 많이 돈이 들어가는 부분은 항공권과 숙소비용이다. 또한 여행기간 동안 사용할 버스와 같은 교통수단의 비용이 가장 일반적이다. 다만 몰타는 렌트로 여행하는 여행자가 많으므로 렌터카를 이용한다면 교통비용은 추가적으로 소요되지 않는다.

항목	내용	경비
항공권	이탈리아에서 몰타로 이동하는 항공권이 필요하다. 항공사, 조건, 시기에 따라 다양한 가격이 나온다.	약 59~100만 원
숙소	호텔이나 홈스테이, YHA 같은 전통적인 숙소부터 개인들의 숙소들을 부킹닷컴이나 에어비앤비 등의 사이트에서 찾을 수 있다. 전문 예약 사이트(어플)에서 예약하면 된다.	약 20,000(YHA)~ 190,000(4성급 호텔)원
렌터카 or 버스	몰타 전체를 사용할 수 있는 3~7일권을 사용하면 다양한 혜택이 있다. 렌터카는 공항에서 차를 인수하여 여행을 마칠 때까지 사용할 수 있는 장점이 있다.	렌터카 : 50만원 이상 (5~7일) 버스 : 3만 원
TOTAL	한 끼	80~250만 원

몰타 축제

세인트 폴 난파 축제(The Feast of St Paul's Shipwreck)

기원 후 60년에 사도 바울을 몰타로 오게 만든 사고를 기념하는 날이다. 2월의 3번째 주 동안에 장식수레와 오싹한 가면들이 사육제Carnival를 나타낸다. 수도와 플로리아나Floriana에서 댄스 경연대회와 다른 축제들을 하기도 한다.

로마카톨릭 국가는 거창하게 부활절의 1주일 전부터 성 주간Holy Week 축제에 들어간다. 수난일Good Friday은 부활절 전의 금요일로 그리스도의 수난을 기념하는 가장 높은 행렬동안, 그리스도의 수난과 십자가에 못 박힘이 발레타와 다른 도시의 거리에서, 위로 높이 들린 체 날라지는 것을 묘사하는 것이다.

불꽃축제(Malta International Fireworks)

교구 교회를 포함하여 특별하게 꾸며지고 조명이 켜진 거리와 건물을 볼 수 있다. 전통적인 축제는 아니지만 주말마다 하나 이상의 페스티벌이 진행되며, 불꽃놀이에 맞춰 관광객이 몰타로 들어온다.

불꽃놀이는 회전하는 바퀴에서 플레어로 만든 빛과 색의 소용돌이Giggifogu에서 시작된다. 행진하는 마을의 황동 밴드 음악이 공중을 가득 채우면서 분위기를 띄우기 시작한다.

성 파블리우스축제(Feast of St Publius)

플로리아나에서 축제시즌을 시작 한다. 다음 6개월에 걸쳐 모든 마을들이 그들의 수호성인들을 경배하는 기간이다. 튀긴 토끼요리를 6월 28일과 29일에 열리는 성 베드로와 성 바울축제Feast of Sts Peter & Paul인 나르자Mnarja기간 동안 즐길 수 있다. 축제행사로는 전통적인 몰타 민속노래 부르기, 경마, 바싹한 토끼요리가 풍부하게 있다.

크리스마스 시즌

몰타제도 전역의 거리에 전등을 꽃 줄처럼 매달아 장식해놓고 가정과 상점마다 아기예수의 조상이 창문 밖을 내다보며, 저녁에 발레타에서 밴드가 행진한다. 크리스마스이브(12월 24일)에는 소년들이 아기 구세주의 조상과 함께 도시와 마을에서 퍼레이드를 펼치며, 자정미사 때는 어린이가 예수탄생의 이야기를 들려준다.

몰타에서 자동차로 여행 하기

요즈음 늘어나는 것이 렌터카를 이용해 여행하는 것이 다른 추세이기는 하지만 운전방향이 다른 몰타에서의 운전은 처음에 조심해야 한다. 대한민국 관광객이 몰타에서 운전은 쉽지 않을 수도 있다. 운전방향이 익숙해지면 몰타의 근교의 여행지는 렌터카로 여행하는 것이 버스를 이용하는 것보다 훨씬 여행을 효율적으로 할 수 있다. 버스를 이용해 여행하는 것이 쉽지 않고 시간이 상당히 오래 소요되므로 렌터카가 편리하다.

렌터카 확인사항

몰타에서는 다양한 렌터카 업체들이 영업을 하고 있다. 사전에 예약을 하면 공항에 도착하자마자 공항 내 영업소에서 차량을 빌릴 수 있다. 공항에는 렌터카 업체들이 데스크를 열고 있다. 미리 예약을 못했다고 공항에 도착해서 각 업체에 문의를 하면 차량을 이용할 수 있다. 물론 성수기에는 예약하지 않으면 차를 빌릴 수 없거나 원하는 차량을 빌리지 못할 수도 있다. 따라서 렌터카는 출발전에 미리 예약을 해놓는 것이 비용도 저렴하고 안전하다.

주행거리 제한과 보험 확인은 필수

렌트를 할 때 반드시 확인해야 하는 사항이 2가지 있다. 렌터카에 주행거리 제한이 있는가와 보험적용이 되는지 여부이다. 대부분의 나라에서 주행거리 제한 여부에 따라 대여료가 달라지는 경우가 있다. 또 대인 대물만 보험에 포함되고 자차보험은 추가로 들어야 하는 경우도 있다. 따라서 가급적 주행거리 제한이 없고 보험이 모두 적용된 차량을 빌려야 만약에 발생할 수 있는 사고에 대비할 수 있다.

차량의 외관도 꼼꼼하게 확인

호주의 현지 렌터카 업체에서 렌트를 하게 되면 차량의 외관도 꼼꼼하게 확인해야 한다. 글로벌 업체들은 약간의 흠집은 차량 반납할 때에 문제를 삼지 않는데 로컬업체들은 문제가 될 수 있기 때문에 미리 사진이나 동영상을 찍어놔야 차량반납이 쉽게 이루어질 수 있다.

로드킬(Roadkill)은 주의하자

모로코에서 운전을 하면서 밤에는 로드킬이 발생할 수 있다. 특히 아틀라스 산맥은 야생의 환경 그대로 노출되어 야생동물을 치는 로드킬은 종종 일어난다. 되도록 저녁이후에는 운전을 하지 말고 되도록 서행하면서 운전을 해야 한다.

몰타의 도로 종류

몰타도 영국처럼 도로가 M, A, B의 3가지로 나누어져 있다. 각 M, A, B의 뒤에 숫자를 붙여 구분하고 있다.

■ **고속도로(Motorway / M)**
고속도로인 M은 무료이기 때문에 쉽게 접근할 수 있다. 최고 속도가 시속 70마일(Miles/112km)이다. 하지만 규정에는 있지만 실제로 몰타에 고속도로는 없다.

■ **국도(A)**
우리나라의 국도에 해당하는 국도는 보통 4차선의 도로로 최고 속도는 시속 70마일(Miles/112km)이고 2차선은 60마일(Miles/96km)이다.

■ **소로길(B)**
보통 2차선의 좁은 도로를 B로 표시하며 최고 속도는 30마일(Miles/48km)이다. 몰타의 시골길은 대부분 B이다.

몰타의 운전

대한민국과 몰타의 운전은 다르다. 몰타에서 운전하기가 처음에는 그리 만만치 않다. 우선 차량의 핸들 위치와 도로의 진행 방향이 대한민국과 반대이기도 하지만 그보다 대한민국에서 보기 힘든 양보 정신이 필요하기 때문이다. 몰타의 운전시 조심해야 할 사항을 알아보자.

1. 몰타에서 처음으로 버스나 택시를 타면 이상한 점을 발견한다. 자동차의 핸들이 우측에 달렸고 자동차가 중앙선을 기준으로 좌측통행을 한다. 수십 년간 한국에서 좌측 핸들과 우측통행에 익숙해진 우리는 어쩐지 어색하다. 차량 운전석 바퀴가 중앙선을 밟고 간다는 생각을 가지고 운전하면 쉽게 익숙해질 것이다.

2. 자동차의 편의장치를 조작하는 방향이 대한민국과 반대로 되어 있어 혼선을 빚는 경우가 다반사다. 가장 대표적인 것이 방향지시등과 와이퍼이다. 그래서 처음 운전할 때는 방향등을 켜야 하는데 와이퍼를 작동시키는 실수를 많이 한다. 수동변속기를 대부분 사용하는 호주는 기어를 왼손으로 조작해야 하는 것도 낯설다.

3. 큰 도로에서 폭이 좁은 도로로 진입할 때 우회전하려면 반대편에서 좌회전하는 차가 먼저 진입해야 하는 규정이 있다. 즉 우회전 차향이 양보를 해야 한다.
   슬리에마나 발루타는 출퇴근 시간에 교통 체증이 조금 있지만 그 외에는 그리 붐비지 않는다. 대부분의 시내 도로는 평지로 이루어져 오르막과 내리막이 없어서 편리하지만 좁고 굽은 도로들이 많아서 시내에서는 운전에 조심해야 한다.

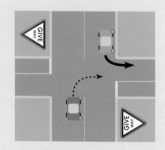

4. 시내에서 우리나라 운전자들은 좌우 회전할 때 방향 지시등을 켜지 않는 운전자가 있는데 이곳에서는 좌우 회전할 때 방향 지시등을 켜지 않으면 경찰에 단속 당하기 쉽다.

5. 이면 도로 네거리를 통과할 때는 정지한 후 좌우를 살피고 진행해야 하지만 진행하던 도로 바닥에 정지선이 없으면 정차하지 않고 바로 주행해야 한다. 만약 일시정지를 하면 큰 사고로 이어지거나 뒤따라오는 차에게 방해를 줄 수 있다. 이것은 차가 많이 다니는 번잡한 도로에 우선적으로 차량을 통행하게 하기 위하여 정한 규칙이다. 그리고 주거 지역의 제한속도는 별로의 표지판이 없는 한 시속 50㎞이다.

6. 시골로 가면 아주 가끔 1차선 교량을 만난다. 요즈음은 이런 곳에 신호등이 설치되어 그나마 불편함이 줄어들었지만 어떤 곳에서는 안내판을 보고 진행해야 한다. 전방의 안내판에 적색 화살표가 보인다면 일단 양보를 해야 하고 청색 화살표가 크게 보이면 그대로 직진해도 된다.

7. 차량 탑승자는 앞좌석이든 뒷좌석이든 반드시 전원이 안전벨트를 착용해야 하며, 음주 운전은 절대 허용되지 않는다.

8. 시골길을 달리면 가끔 가축을 만나는데 이때는 지나갈 때까지 기다리는 것이 안전하다. 특히 야간에는 야생동물이 지나가기도 하므로 더욱 주의를 해야 한다.

9. 시골로 가서 주유소가 보이면 기름을 넣는 것이 좋고 화장실이 보이면 들어가서 볼일을 보는 것이 좋다. 왜냐하면 지도에 표시가 되어 있어도 막상 가보면 주유소가 없거나 있다고 해도 무인주유소이거나 오후에 문을 닫은 곳도 있다.

라운드 어바웃(Round About)인 회전교차로

차를 타고 몰타를 다니다 보면 도로에서 생소하기도 하지만 많이 접하는 교통 시설이 라운드 어바웃Round About이다. 이것을 우리말로 회전교차로라고 하는데 우리나라도 최근에 회전교차로를 도입하고 있다. 라운드 어바웃Round About의 가장 큰 장점은 신호등이 없지만 차가 물 흐르듯이 흐른다는 점이다.

나보다 먼저 로터리에 도착하거나 진입하는 차에게 통행의 우선권을 주는 것이다. 하지만 반드시 지켜야 하는 규칙이 있다. 네거리 쪽으로 진입할 때 나의 오른쪽 도로에서 차가 보이는 내 차는 무조건 정지하여 그 차가 먼저 지나갈 수 있도록 양보해야 한다. 반면에 내가 라운드 어바웃Round About으로 가까이 다가가고 있다면 나의 왼쪽에서 차가 정지하고 내가 지나갈 때까지 기다려야 한다.

만약 라운드 어바웃Round About이 없다면 4거리 주변에 신호등을 최소한 4~6개 설치해야 할 뿐만 아니라 차가 없는데도 신호등 때문에 멈춰 서 있어야 하는 불편함이 따른다. 사거리에 진입할 때 좌우를 살피면서 머뭇거리든가 이리저리 눈치를 보면서 진입해야 한다. 그러다가 교통사고라도 나면 정말 난처하다.

몰타의 운전이 어렵지 않은 이유

1. 일부 구간을 제외하고 통행량이 많지 않아 수월하다.
2. 운전자 간 양보 운전이 생활화돼 있어 외국인도 편안하게 운전할 수 있다.
3. 대부분의 운전자들이 신호 및 교통법규를 철저하게 준수한다.
4. 하루정도만 운전하면 반대 운전이 적응된다.

우측핸들이 된 이유는?

자동차가 생기기 전 영국에서는 마차를 타고 다녔는데, 이때 마부는 말고삐와 채찍을 흔들면서 운행하였다. 대부분의 사람들이 오른손잡이였기 때문에 마부 역시 채찍을 오른손에 들고 있었다. 오른손에 채찍을 들고 흔들 때 마부는 말을 기준으로 우측으로 앉아야 채찍이 뒷좌석의 승객의 몸에 맞지 않는다. 그래서 영국에서는 자동차의 핸들이 자연스럽게 오른쪽에 위치하게 된 것이라고 한다.

또한 좁은 도로에서 마차끼리 서로 교차하거나 추월할 때 좌측통행이 편리했다는 설도 있다. 허리에 칼을 찬 기사들도 대부분이 오른손잡이이기 때문에 칼을 왼쪽 허리에 비스듬히 차게 되는데, 그때 칼끝도 왼쪽으로 튀어나오게 된다. 이때 말을 탄 두 사람이 교차하여 지나갈 때 좌측통행을 하면 칼끝과 칼끝이 서로 부딪치지 않는데 이것이 자동차가 좌측통행하게 된 계기라고 한다.

일본의 경우는 근대화를 거치면서 영국의 교통 체계를 참고하였다는 이야기도 있고 일본 무사들이 칼끝을 서로 부딪치지 않게 하기 위하여 좌측으로 다녔다는 이야기도 있다. 우리나라와 같은 통행 방식인 미국은 마차의 폭이 넓고 두 마리의 말이 끄는 쌍두마차가 많았다고 한다. 이때 두 마리의 말에 채찍질을 하기 위해서는 마부가 왼편에 위치하는 것이 훨씬 편리했다는 것을 왼쪽 핸들의 유래로 보는 견해가 많다.

버스 노선 이해하기

공항에서 시내로 가는 버스는 크게 6개의 노선이 있다. 모든 버스는 공항 외부의 버스 정류장에서 정차하며 티켓은 24시간 티켓 발매기나 트랜스포트 오피스에서 구입할 수 있다.

BUS X1 | 멜리에하 Mellieha**나 생폴 해변**San Pawl il-Bahar**, 아우라**Qawra**가 주 목적지**

Cirkewwa – Marfa – Mellieha – Xemxija – San Pawl il-Bahar – Qawra – Bahar ic-Caghaq – Pembroke – Mater Dei Hospital – Msida – Marsa – Luqa – Airport

BUS X2 | 세인트 줄리안 해변 San Giljan**과 슬리에마**Sliema**가 주 목적지**

San Giljan – Sliema – Gzira – Mater Dei Hospital – Msida – Marsa – Paola – Luqa – Sta. Lucija – Airport

BUS X3 | 부지바 Bugibba**와 아우라**Qawra**가 주 목적지**

Bugibba – Qawra – Burmarrad – Mosta – Mtarfa – Rabat – Ta' Qali – Attard – Balzan – Birkirkara – Sta. Venera – Marsa – Paola – Luqa – Sta. Lucija – Airport

BUS X4 | 발레타 Valletta**가 주 목적지**

Valletta – Floriana – Hamrun – Marsa – Luqa – Airport – Hal Far – Birzebbuga

BUS TD2 | 세인트 줄리안 해변 San Giljan**에서 공항으로 직행**

Airport – San Giljan/St. Julians – Airport

BUS TD3 | 부지바 Bugibba**와 아우라**Qawra**에만 정차하는 공항 직행버스.**

Airport – Bugibba – Qawra – Airport

기본 개념

공항 노선은 X 노선과 TD 노선으로 나뉜다. X 노선은 모든 정류장에 정차하고 TD 노선은 '탈린자 다이렉트 Tallinja Direct'라는 의미로 루카공항으로 직행하는 버스이다.

몰타 차량 공유서비스 이용하기(Taxify / Ecaps)

우버Uber가 미국에서 차량 공유서비스를 시작한 이후 동남아시아에서는 그랩Grab 등으로 사용할 수 있도록 되면서 어디를 여행해도 한번은 사용할 수 있는 서비스가 되었다. 특히 택시의 바가지요금이 심한 나라에서는 차량 공유서비스는 유용한 어플이다.

합리적인 가격에 이동할 수 있다면 택시보다 정확하고 빨라서 바가지요금을 당하는 일은 없기 때문이다. 몰타에는 택시파이Taxify와 이케입스Ecaps의 어플을 이용해 차량 공유서비스를 이용할 수 있다. 몰타는 출, 퇴근 시간에도 택시가 많아서 대기하고 있는 택시도 많으므로 1~2분이면 택시를 탈 수 있다.

택시파이(Taxify) 이용순서
1. 자신의 위치 확인
어플에 보면 자신의 위치가 파란색으로 표시되어 있으므로 이동하려는 목적지를 확인한다. 출발지점이 정확하게 표시되어야 목적지와 요금이 결정되므로 반드시 미리 확인한다.

2. 목적지 검색
구글맵을 사용하는 것과 동일하므로 목적지를 검색하면 된다. 목적지를 정하면 청색으로 표지되고 택시가 해당 목적지로 이동하게 된다.

3. 이동 비용과 차량 크기를 선택한다.
출발지에 올 수 있는 택시에서 요금을 확인시켜 주면서 차량도 알려주고 있으므로 확인하고 선택한다. 인원에 따라 택시의 크기를 선택하면 금액이 차이가 있다.

4. 금액 확인 완료
금액을 확인하고 나면 터치하고 요청하면 끝이 난다.

몰타 여행에서 꼭 알아야 할 지식

성 요한 기사단(Knight of Saint John)

1080년, 성지를 순례하는 순례자들을 위해 예루살렘에 세워진 아말피 병원에서 시작된 기사수도회의 이름이다. 지역에 따라 구호 기사단 Knights Hospitaller, 로도스 기사단Order of Rhodes, 성 요한 기사단Order of Saint John 등의 이름으로 불린다. 제1차 십자군 원정 당시 예루살렘 정복 (1099년) 이후 로마 가톨릭교회의 군사적인 성격을 띤 기사단으로 성지와 순례자들의 보호를 위한 조직으로 발전하였다.

팔레스타인에서 기독교 세력이 쫓겨난 이후에 기사단은 로도스 섬으로 근거지를 옮겼으나, 1522년 오스만 투르크 제국에 의해 그리스의 로도스 섬에서 쫓겨나기도 했다.

로도스 섬에서 추방당한 이후, 기사단은 서유럽의 이곳저곳을 옮겨다니다가 신성 로마 제국의 카를 5세는 기사단에게 북아프리카의 해적들을 대신 소탕하게 할 목적으로 몰타에 근거지를 마련해 주었다.

몰타 섬에 자리를 잡고 주권까지 있는 나라였지만 1798년 6월 나폴레옹 보나파르트가 이끈 프랑스군에게 정복당했다. 그러나 몰타 기사단은 그 이후에도 살아남아, 현재도 로마에 본부를 두고 존재하고 있다.

몰타 기사 피규어(KNIGHT OF MALTA FIGURINE)

몰타의 수도인 발레타도 구호 기사 단장이 만든 요새형태의 도시이고, 국가의 상징인 몰타 십자가 또한 구호기사단의 문장이다. 몰타의 상징이 된 지금, 멋진 몰타 기사 피규어도 기념품 가게에서 쉽게 찾을 수 있다.

유리공예

임디나 유리공예MDINA GLASS는 장인이 만드는 유리 공예품이다. 컬러풀하고 영롱한 색이 특징이다. 캔들 홀더, 꽃병, 물잔, 접시, 작은 동물 장식 등 종류도 여러가지이다. 수공예품이기 때문에 각 제품의 디자인이 모두 다르다. 몰타의 유명한 유리 공예품은 지중해의 색상을 담아 유리에 만든 예술작품으로도 인정받아서 비싸다. 그러나 구입을 해도 깨지기가 쉬운 제품이므로 추천하지는 않는다.

유리 세공품은 이탈리아의 무라노 섬에서 생산되는 다양한 색상의 유리제품이다. 색이 화려하고 작품이 정교하고 아름답기로 정평이 나 있다. 몰타의 임디나에 가면 상점의 유리제품을 만날 수 있다. 겨울을 제외한 시즌에는 직접 유리 세공품을 만드는 모습을 보여주기도 하는데, 화려하고 아름다운 기술이다.

색다른 공예품

금, 은 줄 세공품(Filigree) : 고대 그리스 로마에서 시작한 금과 은의 줄 세공은 몰타에서 현재 유명하다. 모두 장인의 손에서 직접 나오는 제품으로 여성에게 선물하기 좋다.

몰타 레이스(Maltse Lace) : 몰타는 수공예 면 레이스도 특산물로 유명하다. 부채나 테이블보, 양산 등 레이스가 쓰인 제품도 다양하다.

문 손잡이(Doorknob)

몰타를 여행하다 보면 집집마다 문에 손잡이를 달아둔 것을 볼 수 있다. 모양도 사자, 돌고래, 물고기, 몰타 십자가 등 다양하고 재질도 여러 가지로 다양하다.

보통 올리브 그린이나 붉은색을 널리 쓰는데 특히 가끔씩 보이는 검은 놋쇠 손잡이도 있다.

왕좌의 게임 촬영지, 몰타

몰타의 옛 수도인 임디나Mdina에 인파로 북적이는 피야차 메스키타Pjazza Mesquita 광장이 2019년 5월에 종영된 미국 드라마 '왕좌의 게임'이 촬영된 장소이다. '왕좌의 게임'은 가상 세계인 웨스테로스Westeros에서 7개의 왕국이 왕좌를 차지하기 위해 치열하게 싸우는 이야기이다.

황금빛이 도는 석회암 재질의 아치형 광장 입구를 지나자 베이지색 성벽과 건물들이 눈에 띈다. 몰타의 임디나 올드 타운과 수도인 발레타의 구불구불 골목에 대한 설정으로 사용되었다. 그 중에서 시즌 1에서 킹스 랜딩King 's Landing 장면으로 사용되었다. 17세기 요새인 리카솔리Ricasoli와 화려한 어퍼 바라카 정원Upper Barraka Gardens가 자주 나왔었다.

임디나 실제 모습   왕좌이 게임 드라마 장면

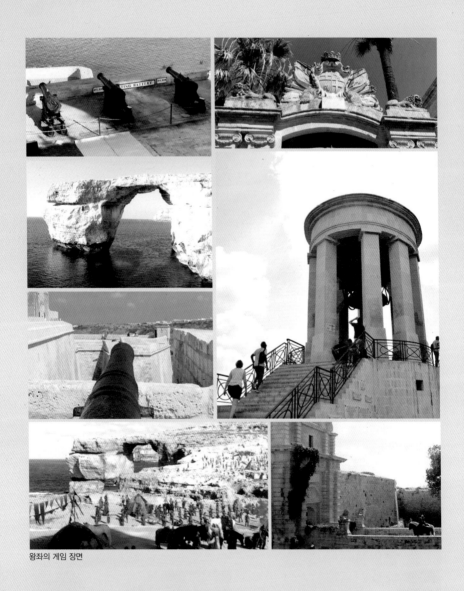

왕좌의 게임 장면

또한 몰타, 고조 섬의 아치 모양의 천연 바위 지형인 아주르 윈도우^Azure Window에서 여주인 공인 '대너리스'가 드로고 장군과 결혼하는 장면을 촬영했다. 그러나 2017년에 태풍으로 바위의 일부가 훼손되면서 그 이후에 촬영이 중단됐다. 대부분의 왕좌의 게임 드라마에서는 시즌 1만 촬영이 되고 반복되어 조금씩 시즌마다 몰타의 촬영 장면이 나왔다. 발레타의 요새는 영화 "트로이^Troy"나 "글래디에이터^Gladiater" 같은 여러 영화에도 사용되었다.

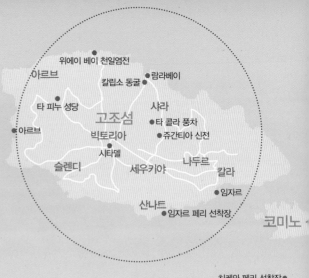

위에이 베이 천일염전
아르브
칼립소 동굴
람라베이
타 피누 성당
샤라
고조섬
타 콜라 풍차
빅토리아
쥬간티아 신전
아르브
시타델
나두르
슬렌디
세우키야
칼라
임자르
산나트
임자르 페리 선착장
코미노

치케와 페리 선착장

멜리에하 버

뽀빠이 빌리지

골든베이

하 교회

● 세인트 폴스베이

나시샤르

펨브르그
파처빌 ●
세인트 줄리안 ● 슬리에마 다운타운
스피놀라 베이 ● 발루타 베이

성요한 대성당
몰타 기사단장 궁전
국립 고고학 박물관
카사 로카 피콜라

어퍼 바라카 가든 ● 로어 바라카 가든
전쟁박물관 추모의 종

몰타 섬

임디나
성 바울 성당
성 바울 카타콤
국립 자연사 박물관
필라쪼 팔
로만 도무스

리야

아타르드

젭버그

가졸라 공원 발레타
몰타 전쟁 박물관
몰타 해양 박물관
광장과 요트 정박장

클리

트오르미

글리 절벽

시지에비

루카 ● 몰타 국제공항

선데이 마켓

세인트 피터스 풀

크렌디

임나드라 신전 ● ● 하자르 임 신전
주리에크
● 블루 그라토

비르젭 부자

Malta

몰타

몰타 IN

한국과 몰타 사이의 직항은 없으며, 두바이에서 출발하는 항공편(에미레이트 항공, 혹은 에어몰타Air Malta)이나, 유럽(로마, 파리, 프랑크푸르트, 런던 등)을 경유하여 몰타로 이동할 수 있다. 가장 편리하게 가는 방법은 이탈리아의 로마까지 이동한 후 몰타항공을 이용해 이동하면 된다.

몰타는 제주도보다 작은 섬이기 때문에 국내선 항공편은 없으며, 본토인 몰타 Malta 섬과 고조Gozo 섬 사이에 수상비행기가 매일 3편이 운항되고 있다. 페리가 매일 몰타Malta 섬과 고조Gozo 섬 사이를 운항하고 있다.

몰타보다 이탈리아 로마로 이동하는 방법을 반드시 먼저 확인하자.

이탈리아에 도착하는 시간과 이탈리아 로마에서 몰타까지 이동하는 저가항공의 시간을 맞춰 예약하면 편리하고 시간을 절약할 수 있다. 국제선의 대부분은 이탈리아 로마 공항에 도착하지만 몰타항공 같은 저가항공을 이용해 이동하게 된다.

몰타 공항 미리 보기

몰타 공항은 작은 규모라서 첫 인상에 실망할 수도 있다.

몰타 공항의 외부 모습

몰타공항의 첫 인상

몰타에서 관광객이 가장 편리하게 여행
하는 방법은 렌터카를 빌리는 것이다.

공항의 왼쪽에 ATM기가 있으니 돈이
필요하다면 여기를 활용하자.

공항의 왼쪽에 ATM기가 있으니 돈이 필요하다면 여기
를 활용하자.

공항에서 나오면 많은 관광객들이 시내로 들어가기
위한 교통수단을 찾으려고 줄을 서게 된다.

공항을 나가서 오른쪽으로 이동하면 시내로 들어가는 버스 정류장이 있다.

공항에서 발레타 IN

몰타의 공항은 시내에서 멀리 떨어져 있지 않다. 공항에서 시내 중심까지 약 10~15㎞ 떨어져 있으며 버스로 약 20분 ~ 35분이 소요된다. 대한민국처럼 공항철도 등의 시스템은 없다. 공항에서부터 몰타의 시내로 이동하려면 4가지 방법이 있다. 1. 공항버스, 2. 택시, 3. 렌터카, 4. 호텔의 픽업 서비스의 방법이다.

X 1, 2, 3 버스를 이용해 몰타의 각 도시로 이동할 수 있다. 자신의 숙소를 확인하고 나서 버스를 이용하는 데 X 1버스는 치르케와Cirkewwa의 북쪽 방향이고, X 2버스는

공항버스

렌터카

택시

호텔의 픽업 서비스

세인트 줄리안스St. Julian's와 슬리에마Sliema 방향, X3버스는 북서쪽의 멜리에하Mellieha 와 부지바Buggiba 방향이다. 72, 74번은 발레타로 이동하는 버스이다.

발레타●
Valletta

루카 공제 공항●
Luca

클렌디
Qrendi

하자르
Hagar

주리에끄
Zurrieq

몰타 공항에서 발레타Valletta와 슬리에마Sliema까지 택시로 약 20€ 정도 비용이 든다. 15번, 21번 버스를 타고 발레타의 중앙 버스 정류장에서 이동할 수 있다.
평균적으로 슬리에마Sliema에서 발레타까지 버스를 타면 약 20분 정도 소요된다. 슬리에마Sliema를 통과하는 다른 버스는 공항으로 가는 X 2와 버스 222이다.

시내 교통

몰타의 현지인은 대중교통으로 버스와 택시를 이용하고 있다.

버스(Bus)
2014년부터 몰타 대중교통Malta Public Transport은 대 변화를 시작해 지금에 이르

많지 않아서 운행하는 시간은 평균적으로 10분 이상이 소요된다. 그래서 대한민국의 관광객이 느끼는 시내교통 시스템의 만족도는 높지 않을 것이다.

특징
1. 버스는 새벽 5시 30분부터 23시까지 운영되는 버스노선이 잘 발달되어 있다.
2. 버스 티켓은 티켓 판매기나 버스 운전사에게 구입이 가능하다.
3. 버스는 A~D zone으로 나누어 운행되며 각 구역별로 요금이 0.40 유로~1유로로 차등 적용되고 있다.

렀다. 현재 몰타의 시내교통은 상당히 잘 된 버스 시스템을 가지고 있지만 인구가

버스 티켓(여름 2€ / 겨울 1.5€ / N버스 3€)

2시간 동안 자유롭게 이용할 수 있는 버스 티켓은 계절마다 버스비가 다르다. 버스 티켓은 직접 버스기사에게 현금을 구입해도 된다. 버스기사에게는 신용카드로 구입이 안 되므로 사전에 동전을 준비해서 구매하는 것이 좋다.

익스플로러 카드(Explore Card)(7일 39€)
여행자를 위한 모든 교통과 페리까지 이용이 가능한 익스플로러 카드는 7일 이용권이 가장 많이 이용되고 있다. 심야버스, 발레타 페리, 자전거는 물론이며 고조(Cozo) 섬을 왕복하는 페리와 투어 버스인 홉-오프 홉-온(Hop-On Hop-O)ff까지 이용할 수 있다. 150개 이상의 시설에서 최대 50%의 할인 혜택이 주어진다. 평균적으로 몰타 관광객의 여행기간이 5~10일이라는 것을 파악해 만들어놓은 카드이다. 10일 동안 여행을 한다고 해도 발레타에서 3일 정도 머물기 때문에 버스를 이용하지 않는 기간까지 고려한 것이다.

12회 승차권*12 Single Day Journeys)(15€)
12회의 버스를 탑승하거나 N버스를 6회 탑승할 수 있는 티켓으로 공항에서부터 구입해 사용할 수 있다.

충전식 교통카드(Tallinja)(www.tallinja.com/en/register-now)
대한민국의 버스카드와 동일한 충전식 카드이다. 현지인들이 사용하는 선불식 버스 교통가드로 홈페이지에서 신청해 우편으로 발송되므로 관광객은 사용하기가 힘들다. 선불식 카드이기 때문에 충전을 반드시 해야 하며 50%할인된 금액으로 이용이 가능해 현지인이나 어학연수자, 장기 여행자에게 적합한 카드이다.

홉 온 홉 오프 버스
(Hop On Hop Off Bus(1일 티켓 20€))
오픈 탑 버스로 몰타를 여행하는 가장 좋은 방법이다. 버스는 평일 9시부터 15시, 일요일에는 9시 14시까지 30분마다 발레타 성곽을 나와 정면으로 계속 이동하면 독립기념비가 나온다. 그 옆에 투어 버스 티켓을 구입하여 이용할 수 있다.

택시(Taxi)
택시는 미터제가 아닌 것이 가장 큰 특징이다.
1. 승객이 행선지를 말하면 택시 운전사가 거리에 따라 행선지까지의 요금을

제시하고 승객이 동의하면 탑승하게 되는 시스템이다.
2. 몰타 국제 공항Malta International Airport에서 택시를 탑승하면 입국장에서 선 지불 티켓pre-paid ticket을 구입하여, 고정된 가격으로 이용하게 된다. 발레타Valletta까지 17.75€ / 슬리에마Sliema, 파쳐빌Paceville, 세인트 줄리안스St. Julin's까지 22.75 유로 정도의 요금을 제시한다.

몰타를 렌터카로 여행하는 방법
혼잡한 출, 퇴근에 교통 정체가 심하고 주차도 도심 안에서는 쉽지 않다. 다만 몰타 전체를 여행하기에는 렌터카가 상당히 편리하다. 여행자가 버스를 기다리고 타는 시간적인 지체가 심하므로 렌터카를 이용해 몰타를 여행하는 관광객은 지속적으로 늘어나고 있다.
▶ **시간** : 6~20시 30분마다
▶ **주차 요금** : 1.1€, 24시간 최대 10€

몰타 투어버스 Hop-On Hop-Off

7,000년 이상의 역사를 자랑하는 몰타를 빠르고 편안하게 관광하기는 쉽지 않다. 투어 버스로 유명한 Hop-On Hop-Off 버스 회사는 북부과 남부 루트를 이용해 몰타를 쉽게 여행할 수 있도록 30개가 넘는 정거장과 50개의 노선을 만들었다.

슬리에마Sliema에서 시작한 노선은 몰타Malta의 수도인 발레타Valletta로 이어진다. 이어서 북부 루트는 임디나Mdina의 역사적인 도시로 향한다. 남부 루트는 선사시대의 사원이 있는 역사적인 면이 강한 노선이다.

북부 루트(North Route)

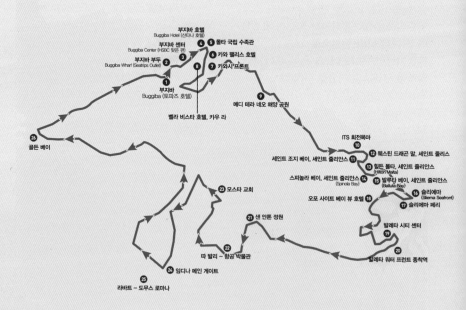

남부 루트(South Route)

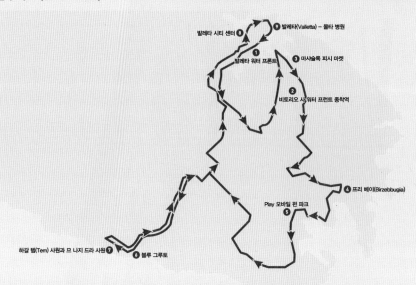

몰타 버스 쉽게 타는 방법

몰타 버스가 모두 모이는 장소는 몰타의 수도인 발레타Valletta이다. 그런데 막상 발레타의 버스를 타려고 해도 어떤 버스를 타고 가야할지 모르겠다. 노선도를 보아도 복잡하게 선으로 이어진 노선도는 선으로만 이어진 것으로만 보이고 목적지를 찾기가 쉽지 않다. 그래서 몰타의 버스를 쉽게 타고 목적지로 가는 방법은 목적지를 도착하는 버스 번호를 확인하는 방법이다. 중요한 관광지와 도시를 표시해 언제든지 보고 버스에 탑승하는 것이 좋다.

지역별 버스 번호표

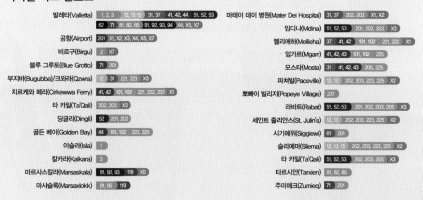

Valleta
발레타

Your new
COSTA
COFFEE
is coming
soon

cessorize

요새 빌더스
The Fortress Builders

세인트 폴 프로 안글리
St. Paul's Pro-Anglican

몰타 5D
Malta 5D

발레타 리빙
Valletta Living

트리톤 분수
Triton Fountain

로열 오페라 하우스 야외 극장
Royal Opera House Open Theatre

국립고고학박물관
The National Museum of Arch

새 의회
New Parliament

Church of St
Catherine

세인트 존스 성딩
St. John's Co-Cat

Church of Our Lady
of Victory

디타리에 민박
Auberge de d'Ittalie

데 카스틸레 민박
Auberge de Castille

타 기에주
Ta' Giezu

빅토리아 게이트
Victoria Gate

어퍼 바라카 정원
Upper Barrakka Gardens

예포 발사석
Saluting Battery

그랜드 하버
Grand Harbo

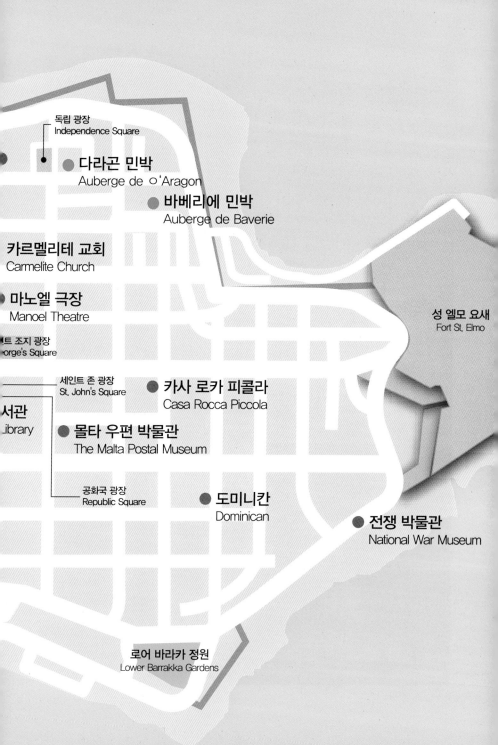

독립 광장
Independence Square

다라곤 민박
Auberge de o'Aragon

바베리에 민박
Auberge de Baverie

카르멜리테 교회
Carmelite Church

마노엘 극장
Manoel Theatre

성 엘모 요새
Fort St. Elmo

트 조지 광장
orge's Square

세인트 존 광장
St. John's Square

카사 로카 피콜라
Casa Rocca Piccola

서관
ibrary

몰타 우편 박물관
The Malta Postal Museum

공화국 광장
Republic Square

도미니칸
Dominican

전쟁 박물관
National War Museum

로어 바라카 정원
Lower Barrakka Gardens

트리톤 분수
Triton Fountain

발레타에 도착해 버스를 내리면 관광객을 맞이하는 분수이다. 올드타운으로 들어가는 입구에 있는 큰 분수는 더운 여름날에 시원하게 해준다.

1959년 유명한 몰타의 조각가인 빈센트 아펩Vincent Apap이 디자인했다. 플래터를 들고 있는 신화 트리톤의 청동상 3개로 구성 되어 있는데 트라이톤 중 2개가 앉아 있고 3개는 무릎을 꿇고 해조 기지에서 균형을 이루게 조각되었다. 발레타가 시작하는 지점이라고 생각해도 과언이 아니다. 밤에는 아름다운 조명으로 분수가 데이트 장소로 변신하기도 한다.

독립 기념비
Independent Memoeial

1964년 9월21일에 영국 통치에서 벗어난 몰타의 독립을 기념하기 위해 얻은 자유를 형상화하기 위해 보니 니가Bonne Nirga 청동으로 만든 기념비이다. 1989년 자유 독립 국가로 25주년을 기념하여 완성되었다. 플로리아나Floriana의 시작 지점에 위치해 있다.

여성의 머리 위로 깃발을 쥐고 있는 모습이 보이고, 이 뒤로는 공원이 있다. 투어 버스가 출발하는 지점이기도 하므로 한 번은 보게 되는 기념비이다. 발레타의 중앙 버스 정류장에서 200m 정도 떨어져 있다.

기사단장 궁전
Grandmaster's Palace

발레타는 17세기부터 몰타의 행정 중심지 역할을 해왔다. 1571년에 지어진 원래의 궁전은 성 요한 기사단 병사들의 대가였다. 그리고 영국 식민지 시대에는 주지사의 궁전으로 사용되었다.

현재, 몰타의 하원과 몰타 공화국 대통령의 사무실로 사용되고 있다. 국가의 기능을 주최하지 않을 때는 1층의 총 5개 방, 그랜드 홀Grand Hall이 일반인에게 공개된다. 의회 실에는 여러 대륙의 사냥 장면을 묘사한 이국적인 고벨린 태피스트리 컬렉션이 있으며, 주 식당은 몰타 대통령의 초상화와 영국 엘리자베스 2세 여왕의 그림으로 장식되어 있다.

최고위원회는 1565년 대 공성전을 묘사한 마티아 페레즈 디알레시오Mattia Perez d'Aleccio가 그린 12개의 프레스코 화로 장식되어 있다. 대사관과 주요 회랑에는 유럽 군주와 대주교의 초상화가 그려져 있다. 기사단 시대가 진정으로 가장 유명한 컬렉션은 살아있는 것 같은 궁전 기사단의 갑옷들이 출신 나라별로 전시된 것이다.

홈페이지_ www.heritagemalta.org
주소_ Grandmaster's Palace, Republic Street
요금_ 9€(학생 6€)
시간_ 10~16시I30분(주말 9시부터 시작)
　　　12월 24, 25일, 1월1일 휴관
전화_ +356-2124-9349

새 의회
New Parliament

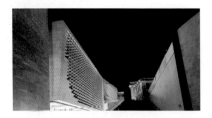

석회석, 콘크리트, 강철로 만들어진 새로운 건물은 렌조 피아노Renzo Piano가 발레타 게이트City Gates 프로젝트의 일부였다. 1000년의 시간과 현대가 공존하는 주제로 설계되어 2011~2015년 사이에 지어졌다. 건물 입구에는 1921년부터 현재까지 의회의 역사를 보여주는 상설 전시회가 열리고 대중에게 공개되고 있다. 그러나 입장하는 방문객의 짐을 확인하고 입장이 가능하다.

구멍이 숭숭 뚫린 듯한 의사당 건물 외벽 때문에 비평가들은 치즈에 난 구멍에 비유하기도 하지만 인상적이고 우아하다는 평가가 많다. 과거와 미래, 역사와 현대를 연결한다는 아이디어에 끌려 만들어진 건물이다.

설계자, 렌조 피아노(Renzo Piano)
파리 퐁피두 센터 설계로 잘 알려진 렌조 피아노(Renzo Piano)가 설계했다. 그는 16세기에 지어진 발레타 입구의 문을 오래된 성벽에 나와 있는 절단된 틈으로 재해석했다. 작은 석조 구조물의 발레타 게이트를 지나면 곧바로 의사당이 나타나고 의사당 건물 측면에는 동일한 2개의 계단이 웅장한 날개처럼 뻗어 올라가도록 설계했다.

주소_ New Parliament Building, Republic Street
시간_ 10~16시
전화_ +356-2559-6000

몰타 5D 영화관
Malta 5D Theatre

환상적인 3D 쇼 형태로 몰타의 역사와 문화를 온 몸으로 체득하도록 독특하게 설명하는 극장이다. 영화를 보면서 움직이는 좌석, 에어 블래스트, 워터 스프레이 등으로 17가지 언어로 제공되어 실감나도록 제작되었다. 20분짜리 영상을 통해 빠르게 진행되는 여행을 떠나 몰타의 역사를 생생하게 경험할 수 있다.

5D 영화의 이해를 돕기 위한 발레타의 모습

1565년, 공성전 이후, 기사들은 성 요한의 명령에 따라 '신사들을 위해 세워진 도시'를 만들기 시작했다. 발레타Valetta는 바로크 양식의 건물을 정교하게 만든 곳으로, 일부는 인근 이탈리아의 양식을 가져오기도 했다. 많은 부분이 16세기와 마찬가지로 여전히 서 있다. 수도인 발레타는 2018년, 유럽 문화수도로 선정되기로 했다.

주소_ 7 Ola Bakery Street **시간_** 10〜14시
요금_ 9€(학생 6€) **전화_** +356-2735-5001

발레타 올드타운
스트레이트 거리
Strait Street

발레타의 성문을 지나면 나오는 광장과 길은 직선으로 끝까지 이어진다. 길에서 누구나 사진을 왕창 찍고 싶을 정도로 예쁜 건물들이 보인다. 발레타라는 도시의 느낌을 가장 잘 전해주는 곳은 길 옆으로 이어진 골목길을 따라 가면 나오는 스트레이트 거리Strait Street이다. 지형의 오르막이나 내리막에 맞춰서 설계된 길은 낮은

높이의 계단이 배열되어 있다. 중세시대 기사들이 입은 갑옷으로는 높은 계단을 걸을 수가 없기 때문에 낮은 계단으로 설계되었다.

이 거리를 따라 가면 고풍스러운 건물에 1층에는 아기자기한 소품이나 레스토랑, 상점들이 있고 많은 인파는 길을 걸어 다니고 레스토랑마다 식사나 와인을 즐기는 사람들도 가득하다. 또한 건물의 2층에는 이슬람 양식의 발코니인 다양한 색상의 파사드가 툭 튀어나와 사람들의 눈을 사로잡는다.

성 요한 대성당
St. John's Co-Cathedral

유네스코 세계문화유산으로 선정된 성 요한 대성당 은 바로크 예술과 건축의 보석으로 일컬어지고 있다. 넓이 나갈 정도로 아름다운 세계의 성당21에 선정되었고 죽기 전에 꼭 봐야 할 세계 역사 유적1001에서도 추천된 성당이다.

1573년에 몰타 기사다느이 수장이었던 장드라 카시에르에 의해 성 요한 기사단의 수녀원 교회로 지어졌다. 그런데 성당은 단 5년 만에 지어졌다는 사실이 놀랍다. 외부는 수수한 모습이라 루터교 성당을 연상시키지만 내부에는 눈이 부실 정도로 화려한 장식으로 꽉 차있다.
17세기 이탈리아의 예술가인 마티아 프레티가 5년여에 걸쳐 세례 요한의 일생을 그린 성화를 완성해 지금까지 천국의 세계를 이어오게 하고 있다. 바닥은 온통 대

리석으로 마감되어 있고 다양한 색들로 표현된 하나의 그림처럼 연결된 그림의 대리석은 하나하나 천연 대리석을 조합해 맞춘 것이라 더욱 놀랍다.

1608년에 카라바조Caravaggio가 남긴 '세례 요한의 참수'그림은 성 요한 대성당을 보러 가는 가장 큰 이유가 될 정도로 그림의 가치는 크다. 명암의 대비를 화폭에 그려낸 최초의 그의 그림 세계에서도 가장 완벽하다고 평가받고 있다. 또 다른 작품인 '성 제롬2'도 같은 공간에 전시되어 있다.

그랜드 마스터와 몇몇 기사들은 예술적 가치가 높은 선물을 기증했으며 최고의 예술 작품만으로 기부를 통해 성당에 장식되어 있다. 교회는 오늘날까지 중요한 신사이자 신성한 예배 장소이다. 여름에는 문화 행사 장소로 사용되고 있다.

홈페이지_ stjohnscocathedral.com
위치_ St. John Street
시간_ 9시30분~16시30분(월~금 / 12시30분까지)
　　　 티켓은 마감 30분 전까지만 판매
요금_ 10€(학생 7.5€ / 12세 미만 무료)
전화_ +356-2248-0400

성 바울 난파 교회
Parrocca San Pawl Newfragu

16세기에 지어진 교회에서 몰타에서 가장 존경받는 종교 인물 중 한 명인 성 바울과 관련된 주요 미술품과 뼛조각을 볼 수 있다. 성 바울 난파 교회는 1570년에 건립되었으며 서기 60년경에 섬으로 기독교를 전파한 사도바울을 기념하고 있나. 로마 가톨릭 교회 안에서는 미술품과 성스러운 종교 유물들을 감상할 수 있다. 성 바울은 몰타의 영적 아버지로 추앙받고 있다. 그는 로마로 돌아가는 도중 이 섬에서 배가 난파되었다. 이곳에 거주하는 사람들은 국가적으로 가장 중요한 사건 중 하나로 여기고 있다. 미켈란젤로의 제자였던 이탈리아의 화가 마테오 페레즈 디알레시오Mateo Perez Dialesio가 만든 주제단의 아름다운 미술품은 성 바울의 난파선 사건을 묘사하고 있다.

교회의 돔 지붕 내부를 장식하고 있는 성경의 장면들을 보자. 성 바울의 에피소드를 그린 프레스코화를 살펴보고 조각가 멜키오르 가파Melkior Gapa가 1657년에 만든 성 바울의 아름다운 조각상을 볼 수 있다. 화려하게 장식되어 있는 오르간석도 놓치지 말자. 매월 2월이 되면 난파선 사건을 기념하기 위해 사람들이 조각상을 들고 몰타의 거리를 행진한다.

성 바울 난파 교회에는 가톨릭 교인들이 숭배하는 2개의 종교 유물도 보관되어 있다. 성 바울의 손목뼈와 그가 참수 당할 때 사용된 것으로 알려진 기둥의 유물 위에는 그의 두상이 놓여 있다. 교회에 가득한 귀중한 물건에는 금이 박힌 성배와 은과 금으로 만든 사도들의 조각상도 포함되어 있다. 성체 안치기라고 알려져 있는 다이아몬드가 박힌 그릇도 있다.

///////////////////////////////////////

위치_ 발레타의 보행자 구역에 위치해 있으며 버스 터미널에서 도보로 10분 거리
주소_ 74 St. Paul Street **전화_** +356-2122-3348

성 엘모 요새
St. Elmo Lighthouse

전쟁의 상흔을 안고 있는 요새는 400년 이 넘는 세월 동안 몰타의 수도를 굽어보고 있다. 역사극을 통해 이곳에서 있었던 역사적인 포위 전쟁에 대해 알아봐야 한다. 별 모양으로 된 성 엘모 요새는 몰타 섬에서 가장 대규모의 전투 중 하나가 펼쳐졌던 장소이다.

제2차 세계대전 당시 요새가 수행했던 역할에 대해 알아보고 역사극을 보고 군사

박물관을 둘러본다.

성 엘모 요새는 16세기 중반 몰타의 기사단에 의해 지어졌다. 옛 감시탑이 있던 자리에 요새를 만들었다. 1565년의 몰타 포위 전쟁 당시 돌로 만든 거대한 요새는 오스만 제국의 공격을 몇 주 동안 버텨내었지만 결국에는 함락되어 1,000명 이상의 기사 단원들이 목숨을 잃고 말았다. 요새는 제2차 세계대전이 진행되는 동안 엄청난 폭격의 표적이 되기도 했다.

거대한 방어 성벽을 살펴보면 항구를 도는 보트 투어를 하며 요새를 감상하고 규모를 확인할 수 있다. 이어서 요새 내부에서 가이드 투어가 진행된다. 정문 다가서

면 요새의 지하 곡창으로 들어가는 입구가 나온다. 안으로 들어간 후에는 1978년에 상영된 영화인 미드나이트 익스프레스Midnight Express의 터키 감옥으로 사용된 지하 공간으로 이동한다.

지중해가 내려다보이는 발레타 북동부 지점에 위치해 있으며 발레타 버스 터미널에서 도보로 15분 정도 거리에 있다. 요새 동쪽에 있는 다리를 따라 걸어가면 성 엘모 등대St. Elmo Lighthouse가 나온다.

주소_ St. Elmo Pl., Fort St Elmo
전화_ +356-2123-3088

군사 역사 박물관(Military History Museum)
군사 역사 박물관(Military History Museum)에서는 훈장, 무기와 군사 작전과 관련된 유물들을 구경할 수 있다.

중세 재현
일요일에는 역사를 재현하는 연극을 한다. 연기자들은 당시의 의상을 입고 몰타 포위 전쟁의 주요 장면을 극적으로 보여주고 대포 발포 장면도 재현한다. 투어내용은 헤리티지 몰타(Heritage Malta)에서 확인 가능하다.

국립고고학박물관
The National Community Art Museum

선사 시대의 도구, 작은 조각상과 사원 제단 등을 통해 몰타의 역사와 섬에 거주했던 고대 부족들에 대한 많은 정보를 얻을 수 있다. 7,000년 이상의 세월을 간직한 고대 유물들을 살펴볼 수 있는 박물관 컬렉션은 1565년의 몰타 포위 전쟁 이후에 발레타에 처음으로 건축된 건물 중 하나인 오베르주 드 프로방스Auberge de Provence 안에 보관되어 있다.

신석기 시대를 소개하는 전시관에는 몰타 섬의 초기 인류 정착 역사를 보여주는 도구와 기타 유물들이 전시되어 있다. 본관에서는 제단에 조각되어 있는 동물들의 형상과 패턴이 인상적인 사원 조각상을 살펴볼 수 있다. 레드 스코르바 부족들이 만든 통통한 형태를 취하고 있는 작은 조각상들의 예술적 기교를 살펴볼 수 있

다. 눈여겨 볼만한 작품에는 옆으로 누워 있는 여성을 묘사한 조각상인 잠자는 여인Sleeping Lady이다.

타르시엔Tarxien 사원에서 발굴된 청동 시대의 단검과 사원은 기원전 3,600년에서 2,500년 사이에 건축되었다. 다른 전시관에는 부싯돌 도구, 도자기, 장신구와 장식품이 전시되어 있다. 박물관에는 섬의 다양한 역사 시대를 소개하는 전시회도 개최하고 있다.

고고학 유물을 살펴본 후에는 그랜드 살롱Grand Salon의 화려한 장식과 웅장한 건물을 보고 나무도리를 이용한 천장과 벽의 화려한 그림들을 보자. 이 방은 과거에 세인트 존 기사단의 연회실로 이용되었다. 국립고고학박물관은 시내 중심에 위치해 있으며 양 옆으로 국립 미술관과 성 요한 성당St. John's Cathedral이 있다.

홈페이지_ www.heritagemalta.org
주소_ Auberge d'Italie, Merchants Street
시간_ 9~17시
전화_ +356-2122-0006

105

마노엘 극장
Manoel Theatre

극장의 박물관에서 공연과 관련된 250년 이상의 역사에 대해 알아볼 수 있다. 박물관을 돌아본 후 객석에 앉아 인상 깊은 오페라나 연극을 볼 수 있다. 마노엘 극장 Manoel Theatre 안으로 들어가기 전에 정문 위쪽에 새겨진 라틴 문구를 읽어보면 'ad honestam populi oblectationem'라는 문구가 새겨져 있다. 이 극장의 목적이 정직한 엔터테인먼트를 제공하는 데 있다는 것을 뜻한다. 18세기에 지어진 이 극장에는 몰타 필하모닉 오케스트라Malta Philharmonic Orchestra의 사무실이 있고, 몰타어와 영어로 진행되는 다양한 연극과 오페라가 상연된다.

1731년 극장 건축을 재정적으로 지원한 포르투갈의 귀족인 안토니오 마노엘 드 빌레나는 이전에 부유한 가문에서만 즐길 수 있었던 엔터테인먼트를 일반 대중도 즐길 수 있게 하고 싶었다.

극장에는 이전 공연에 사용된 복장들이 전시되어 있어서 극장 무대를 빛낸 일부 유명 예술가들의 사진과 과거의 극장 브로셔, 포스터를 볼 수 있다. 바로크 강당 안에 들어서면 여러 층의 관람 부스와 거대한 유리 샹들리에에 새겨진 금박 조각을 비롯한 화려한 장식들을 감상할 수 있다.

마노엘 극장Manoel Theatre은 기사단장의 궁 Grandmaster's Palace 바로 북쪽 도심 한 가운데에 위치해 있다. 극장에서 나오면 바로 버스 정류장이 있다. 시간을 여유롭게 잡고 세인트 조지 광장St. George's Square대사관 쇼핑센터Embassy Shopping Center, 카사 로카 피콜라를 함께 둘러볼 수 있다.

홈페이지_ www.manoeltheatre.org
주소_ Old Theatre Street
전화_ +356-22-2618

그랜드 하버(Grand Harbor)

거대한 자연 절벽과 요새, 빛나는 지중해가 내려다보이는 마을이 있는 아름다운 그랜드 하 버Grand Harbor는 태고 때부터 사람들의 마음을 끌었다. 자연의 경이이자 몰타의 주요 명소 중 하나인 그랜드 하버와 수세기 동안 함께해 온 아름다움을 확인할 수 있다. 이곳은 물 안 팎으로 모두 거대한 상업 지구이다.

시대를 초월한 항구, 건물, 교회, 도로, 요새가 밝고 푸른 바다에 둘러싸여 멀리까지 펼쳐져 있는 그랜드 하버는 거대하고 아름다운 하나의 풍경이다. 일이 바쁘게 돌아가는 분주한 곳 이며 해안선을 따라서 인구가 매우 밀집된 지역이고 지중해를 오가는 크루즈의 허브이기 도 하다. 발레타 항구라고도 불리는 그랜드 하버는 최초의 고대 사회가 몰타를 지휘하기 시작했을 때부터 사용되었다.

오래된 마을을 산책하거나 절벽을 오르거나 잘 손질된 정원에서 휴식을 취하거나 청록색 바다를 항해하거나 항구 주변의 여러 요새 중 한 곳에서 쉬어갈 수 있다. 그랜드 하버는 발 레타의 고대 도시와 이웃한 마을 플로리아나, 마르사로 향하는 관문이다. 발레타는 유네스 코에 등재된 유적지로, 그랜드 하버의 규모와 아름다움이 여기에 기여했다. 칼카라Kalkara의 예쁜 보트 마을은 발레타의 바로 건너편에, 이슬라와 이중 요새 도시인 보르믈라 근처에 있다.

그랜드 하버의 경계는 수세기 전에 요새화되었으며 요새들은 거대하고 주목 받는 관광지를 선사했다. 항구 중간에는 세인트 안젤로 요새St. Angelo가 있다. 입구에는 성 엘모 요새가 있고, 여기에서 파란 바닷물 너머에 리카솔리 요새가 있으며, 유명한 90m 대포가 자리해 있는 리넬라 요새는 칼카라Kalkara에 있다.

어퍼Upper 구역과 로어Low 구역으로 나누어진, 아름다운 기념물과 멋진 전망을 자랑하는 바라카 정원에서 푸른 오아시스의 고요함을 즐겨보고 고대 코로딘 사원의 유적과 지하신전 미궁이 있는 파올라를 포함한 역사적인 도시를 볼 수 있다. 비기에는 옛 군 병원 건물이 있다. 비르구에 있는 그랜드 하버 마리나는 레스토랑과 바가 있는 항구의 중심지이다.

로어 바라카 정원(Lower Barrakka Gardens)

꽃, 기념비와 아름다운 바다 전망을 갖춘 이 녹지는 발레타에서 가장 매력적인 장소 중 하나이다. 로어 바라카 정원의 조각상, 기념비, 산책로와 푸른 정원 사이를 거닐다보면 해안에 위치한 그랜드 하버가 내려 보이는 요새에 자리잡고 있다.
그림 같은 공원을 산책하는 도중 잠시 발길을 멈추고 기념비를 살펴보면 부제독 알렉산더 존 볼 경을 기념하는 신 고전 양식의 기념비를 볼 수 있다. 그는 호레이쇼 넬슨 경의 가까운 지인이었으며 19세기 말에 몰타에서 프랑스 점령군을 몰아낸 인물이다.
1565년의 몰타 포위 전쟁을 추모하는 안토니오 시오티노의 조각상은 군대의 인물들을 묘사하고 있으며 전투 날짜가 로마 숫자로 새겨져 있다. 로어 바라카 정원 바로 맞은편에는 섬에 재앙을 안긴 또 다른 포위 전쟁을 기리는 기념비가 있다. 청동으로 만든 거대한 종이 있는 신고전 양식의 사원 형식의 종탑인 추모종탑Siege Bell Memorial으로 걸어가면 있는 종탑은 제2차 세계대전 당시 몰타 포위 전쟁에서 목숨을 잃은 7,000명의 군사들과 민간인을 기념하기 위한 목적으로 1992년에 세워졌다. 이 종은 매일 정오에 울린다.

정원을 돌아본 후 분수대와 깔끔하게 정돈된 울타리를 지나면 수많은 고양이들을 볼 수 있다. 고양이들은 야자수 그늘 아래에서 휴식을 취하곤 한다. 테라스로 이동하면 볼 수 있는 기념 명판들은 1956년 헝가리 혁명 50주년을 비롯한 수많은 역사적 사건들을 기념하고 있다. 성 앤젤로 요새와 성 엘모 요새도 볼 수 있는 로어 바라카 정원은 매일 아침부터 저녁 늦게까지 개방된다.

위치_ 발레타 버스 터미널에서 도보로 15분

어퍼 바라카 정원(Upper Barrakka Gardens)

발레타의 그랜드 하버 위쪽에 자리한 어퍼 바라카 정원Upper Barrakka Gardens은 꽃과 조각상이 있는 매우 아름다운 공원으로, 매일 예포 발사식이 진행되고 있다. 어퍼 바라카 정원Upper Barrakka Gardens은 그랜드 하버 고지대에 위치한 아름다운 공원이다. 완벽한 조경을 갖춘 정원 부지는 1661년 이탈리아 기사단을 위한 은신처로 설계되었으며 19세기에 이르러 대중에 공개되었다. 항구와 요새 도시의 아름다운 경치를 감상하고 수백 년의 전통을 자랑하는 예포 발사 예식을 많은 관광객과 더불어 볼 수 있다.

항구 지역에서는 계단을 올라가 정원으로 가거나 엘리베이터를 이용할 수 있다. 정원은 도시에서 가장 높은 지점에 있는 요새에 자리하고 있다. 열주형 산책로에 즐비한 벤치에 앉아 이름다운 경치를 감상할 수 있는 산책로에서 보르믈라, 비르구, 이슬라 3개의 중세 도시를 볼 수 있다.
야자수와 이국적인 식물들이 있는 정원을 산책하는 동안 조각상과 기념비를 보자. 이 중에는 윈스턴 처칠 경의 조각상과 많은 찬사를 받는 3명의 가난한 부랑아 동상인 레 가브로슈 Les Gavroches와 해군들을 기리는 기념판도 있다. 유람선 선착장에서 조금만 걸으면 정원 계단과 엘리베이터가 나온다.

홈페이지_ www.cityofvalletta.org **위치_** 버스 터미널에서 걸어서 5분
주소_ Battery Street **전화_** +356-2707-5876

외부에서 바라본 어퍼 바라카 정원

예포 발사식

정원 바로 밑에서 예포 발사식이 거행된다. 500년에 가까운 세월 동안 이곳의 총포들은 항구를 사수해 왔으며 종교 축제, 기념일과 고관 방문을 비롯한 특별한 날마다 예포를 발사했다.

19세기 초반에는 정오를 알리기 위해 예포를 발사했으며 이 관례는 오늘날까지 이어져 내려오고 있다. 발사식 1시간 전에 방문하면 가이드 투어에 참여하여 포대를 둘러볼 수 있으며 예포가 장착되는 모습을 구경할 수 있다.

※예포 가이드 투어 참여를 원하는 경우 요금을 내야 한다.

타르시안 사원
Tarxien Temples

5,000년 이상의 세월을 간직한 고대 사원 단지 내부를 거닐면서 제단, 조각상과 매력적인 장식 조각품들을 볼 수 있다. 4개의 거석 구조물로 이루어진 타르시안 Tarxien 사원 단지에는 몰타의 선사 시대에 대해 볼 수 있다. 사원 단지는 기원전 3600년에서 2500년 사이에 지어졌으며 소용돌이와 가축 형태의 부조로 장식된 거대한 석재로 유명하다.

유적지는 1913년에 현지 농부들에 의해 발견되어 즉시 발굴 작업이 진행되었다. 고고학자들은 동물들이 종교 의식의 일부로 희생되었을 것이라 믿고 있다. 발굴 작업이 진행되는 동안 동물 뼈와 칼날이 발견되었다.

남쪽 사원South Temple에는 머리가 없는 여성의 거대한 조각상을 볼 수 있다. 학자들은 이 동상이 다산의 신을 상징한다고 추측하고 있다. 사원의 좌측, 애프스에는 2개의 거대한 그릇이 있으며 이 중 하나는 암석 하나를 깎아 만들어졌다. 다른 두 곳의 주요 사원은 형체를 거의 알아볼 수 없지만 어떤 구조로 배치되어 있었는지 짐작해 볼 수 있다. 동쪽 사원East Temple에서는 벽에 난 구멍을 눈 여겨 봐야 한다. 여성들은 이 구멍을 통해 종교 의식이 진행되는 소리를 밖에서 들을 수 있었을 것이라고 추측한다.

폐허 안을 돌아다니면서 암석에 새겨진

부조와 조각들을 유심히 살펴보면 염소, 황소와 돼지를 묘사하고 있는 것을 알 수 있다. 구조물 중에는 제단, 프리즈와 조각상도 있다. 원본은 발레타의 국립고고학 박물관에 전시되어 있다. 폐허 안을 거닐며 구경하는 것 외에 높은 지대에 있는 보행로에서 폐허를 내려다 볼 수 있다.

발레타의 주도로에 위치한 대사관 쇼핑센터Embassy Shopping Center 옆에 있다.

홈페이지_ www.casaroccapiccola.com
주소_ 74 Republic Street
전화_ +356-2122-1499

말라타
Malata

발레타Valetta의 중심인 그랜드 마스터스 궁선Grand Masters 'Palace과 구 몰타 의회 건물Maltese parliament building 건너편에 있는 광장에 말라타Malata가 있다. 내부에는 정치인의 풍자만화로 장식된 500년 된 지하실에 레스토랑이 있다.

더운 몰타의 날씨 때에는 활기찬 광장에서 식사를 할 수 있다. 이곳의 가장 큰 장점은 정기적으로 개최되는 라이브 재즈 음악을 들을 수 있다는 것이다.

주소_ Malata, St. Georges Palace Square
시간_ 10시 30분~15시 30분, 18시 30분~23시
전화_ +356-2746-5001

피아디나 카페
Piadina Caffe

피아디나Piadina는 이탈리아 셰프가 직접 이탈리아 음식을 만들어 유명해진 카페이다. 성 요한 대성당의 인근 모퉁이에 위치해 있다. 피아다나 카페Piadina Caffe는 다른 이탈리아 특선 요리와 샐러드, 수프 등을 제공하는 카페이다. 좌석이 제한되어 있기 때문에 점심시간이나 이동 중에 빨리 먹을 수 있다. 내부에는 작은 바Bar가 있고 카페 바깥의 긴 계단에는 접이식 의자가 몇 개 있다.

주소_ 24 Triq Santa Lucija
시간_ 7시 30분~16시 30분
전화_ +356-2122-5983

루비노
Rubino

외관에 있는 표시를 보면 루비노Rubino는 올드 베이커리Old Bakery 거리에 제과점이 1906년에 문을 열었다. 나중에 건물의 지하실을 식당으로 개조했다.
전통 몰타요리와 파스타, 생선 중에서도 달콤한 맛의 얇은 층이 만들어진 아이스크림, 으깬 비스킷, 견과류, 설탕에 절인 감귤 껍질을 가진 초콜릿 타르트가 유명하다.

주소_ 53 Old Bakery Street
시간_ 12시 30분~14시 30분, 7시 30분~22시 30분
        (일요일 휴무)
전화_ +356-2122-4656

트라 부우
Trabuxu

2002년에 와인 바로 시작해 이제는 트라 부우 비스트로Trabuxu Bistro, 와인 바Wine bar & Rooms라는 자체 브랜드로 발전했다. 트라부우 비스트로Trabuxu Bistro는 라비올리, 다양한 파스타 요리에 이르기까지 다양

한 와인이 같이 제공되고 있다. 따뜻한 붉은 벽은 현지 예술가들의 그림으로 장식되어 있고, 때로는 외벽에서 전시회를 하기도 한다.

주소_ 8/9 South Street
시간_ 12~15시, 19~23시
전화_ +356–2122–0357

제로 세이 트라토리아
Zero Sei Trattoria

유럽 관광객들에게 인기를 끌고 있는 심플하게 꾸며진 이탈리안 레스토랑은 음식 맛으로 정평이 나있다.

1731년에 지어진 몰타의 국립 극장인 마노엘 극장Manoel Theatre과 같은 거리에 위치한 제로 세이Zero Sei는 식욕을 돋구는 음식에 와인 한 잔을 기울이면서 이야기를 나누기에 좋은 레스토랑이다. 특히 남유럽에서 오는 관광객들이 반드시 찾는 레스토랑으로 알려져 있다.

주소_ 75 Old Theater Street
시간_ 12~14시 45분, 19~22시 45분
전화_ +356-2122-2010

SLEEPING

오스본 호텔
Osborne Hotel

수도인 발레타는 관광객이 넘쳐나면서 호텔비가 지속적으로 상승하고 있다. 발레타 올드 타운 안에 있는 합리적인 호텔로 호스본 호텔은 3성급에도 불구하고 내부는 앤틱 분위기에 직원들은 친절하다.

위치도 좋아서 발레타의 어디를 가든 어렵지 않게 이동이 가능하여 항상 인기가 넘치는 호텔이다. 금상첨화인 것은 전망이 좋아서 신혼여행로도 적합하다.

주소_ 50 South Street, VLT1101
요금_ 더블룸 136€~
전화_ +356-2124-3656

19 룸스 호텔 발레타
19 Rooms Hotel Valletta

발레타의 중심부에 있어서 어디든 쉽게 이동이 가능하다. 깔끔하고 모던한 내부가 인상적인 호텔로 발레타에서 꽤 유명한 호텔이다. 또한 조식으로 나오는 갓 구운 크로와상이 아침을 일깨운다. 오래된 건물 안에 독특하고 현대적인 조화를 이루는 편안한 호텔로 개조하고 내부에 간단한 싱크대가 있는 아파트형 호텔로 젊은 층에게 각광을 받고 있다.

주소_ 87, St. Christopher Street, VLT 1460
요금_ 100€~
전화_ +356-2739-5834

직원은 친절하고 주위의 유명 레스토랑까지 알려준다. 발레타 중심에 있어서 관광지는 어디든 쉽게 갈 수 있다.

더 머천트 스위트
The Merchant Suites

발레타의 유명한 거리에서 이름을 딴 더 머천트 스위트The Merchant Suites는 편안한 숙소인데도 비싸지 않다. 고급스러운 내부 인테리어의 객실은 편안한 분위기를 연출한다.

주소_ 16 Skipper Street
요금_ 180€~
전화_ +356-9023-4888

은 객실, 다양한 종류의 아침 식사까지 서비스가 상당히 좋다.

타노 부티크 게스트 하우스
Tano 's Boutique Guesthouse

호텔보다는 B&B 게스트 하우스에 가깝지만 부티크 호텔 같은 특성과 안락함이 있다. 발레타 중심부에 있어서 어디든 쉽게 이동이 가능하고 합리적인 가격으로 넓

주소_ 16 Skipper Street
요금_ 180€〜
전화_ +356-9023-4888

발레타 아크라 멘션
Valletta Ajkla Mansion

발레타 뒤편의 조용한 거리에 위치한 숙소로 작은 아파트이다. 이 지역에 새로 추가된 이 아파트는 다양한 룸을 가지고 호텔같은 세심한 직원이 관리하고 있다. 그러나 사전에 반드시 전화로 위치를 확인하고 골목을 확인해야 한다.

또한 박스 안에 열쇠를 찾는 것도 주의해야 한다. 그래서 사전에 체크인 시간을 미리 알려주면 준비하고 있으니 시간확인과 전화를 활용하자. 와이파이 신호가 약한 방도 있으니 방에서 빨리 확인하는 것이 좋다.

주소_ 8/9 Eagle Street
요금_ 70€~
전화_ +356-2133-0822

The Three Cities

Cities

쓰리 시티즈

The Three Cities
쓰 리   시 티 즈

쓰리 시티즈The Three Cities는 많은 관광객으로 붐비는 발레타에 비하면 조용하고 사람이 적다. 쓰리 시티즈The Three Cities는 이름 그대로 빅토리 오사Victory Osa, 셍글레아Senglea, 코스피구아Kospigua, 3개 마을의 이름을 딴 것이다.

쓰리 시티즈(The Three Cities)에 요새가 만들어진 이유

1530년, 성 요한 기사단이 몰타로 거처를 이전하면서 당시, 몰타의 수도 임디나Mdina는 내륙에 있었기 때문에 오스만투르크 제국과의 싸움을 대비해서 충분한 방어대책이 필요했다.

해안의 어촌 비르구(현재, 빅토리오사)에 거처를 마련하여 마을에 요새를 짓게 되었다. 그 후 거주하는 사람이 거의 없었던 반도리스라에 기사 단장인 클라우드 드 라 셍글레 Claude de la Sengle의 이름에서 따온 셍글레아Senglea를 도시 이름으로 지으며 많은 사람이 살기 시작했다.

간략한 쓰리 시티즈(The Three Cities) 역사

1565년, 오스만투르크 군의 대공방전에서 용감하게 싸운 비르구와 셍글레아Senglea의 주민을 기리며 비르구는 승리의 마을인라는 뜻의 '빅토리오사Victoriosa', 무적의 마을이라는 뜻의 '셍글레아Senglea'라는 명예로운 이름이 주어졌다. 또한, 두 마을 사이에는 보루미아Borumia라는 이름의 마을이 건설되었다. 기사단은 3개의 마을을 거대한 방위 벽으로 포위하여 보루미아에는 비르구와 생글레아뿐만 아니라, 사람들의 용맹함을 기리며, 대단한 도시라는 뜻의 '코스피구아'라고 이름을 지었다.

발레타를 건설한 후, 기사단의 본 거주지는 빅토리오사에서 발레타로 이동했지만, 3개의 마을을 항해를 위한 거점으로 두고자 조선소와 병기를 놓아두었다. 기사단이 몰타에서 철수한 후에 영국이 지배하던 시대에도 영국함대의 지중해 본거지였던 그랜드 하버Grand Harbour와 함께 쓰리 시티즈 Three Cities는 지속적으로 발전했다. 2차 세계대전 중, 영국군에게 있어서 중요한 거점이었던 몰타는 적국으로부터 계속되는 포격을 받게 되었다. 전쟁 후에 피해를 대규모로 복원하여 지금의 아름다운 모습을 되찾았다.

쓰리 시티즈 IN

어퍼 바라카 가든Upper Barraca Gardens에서 엘리베이터를 타고 내려가면 쓰리 시티즈로 건너갈 수 있는 선착장이 있다. 아침 6시부터 30분마다 1대씩 운행하고 있으므로 여유롭게 탑승하면 된다.

택시와 시내버스를 이용하는 것도 좋지만, 날씨가 좋은 날에는 그랜드 하버에서 운항하고 있는 수상택시 이용하면 아름다운 해안을 볼 수 있다. '디사Dghajsa'라고 불리는 전통보트를 타고서 천천히 바다를 둘러보며 발레타Valletta와 쓰리 시티즈 The Three Cities까지 감상할 수 있다.

130

성 안젤로 성곽
Fort St. Angelo

기사단이 몰타에 거점을 두기 전에는 '바다의 성Castrum Maris'이라고 불리기도 했다. 기사단이 도착한 후에는 기사단장의 주거지로 정해지며, 점차 요새화시키면서 성을 구축시켰다. 기사단이 몰타를 떠난 후에는 지중해에서의 영국해군 본부와 NATO 6개국 연합 본부로 정해졌다. 현재 요새 상층부는 기사단의 관할로 돼 있으며, 지금도 1명의 기사가 그곳에서 살고 있다.

하층부에는 복구를 하고 있어 출입이 금지되고 있다. 내부로 들어갈 수는 없지만, 옆의 반도 셍글레아Senglea에 있는 갈디오라 공원Gardiola Garden에서 요새를 한 눈에 볼 수 있다. 이탈리아 출신의 화가이자 몰타 기사 단원 이었던 '카라바조'가 그를 비방한 기사 단원을 공격해 중상을 입혔을 때 수감된 '새장'이라고 불리는 감옥도 바로 이 요새에 있다.

가르디올라 공원
Gardiola Gardens

그랜드 하버를 사이에 두고 건너편에 있는 발레타, 우측에는 성 안젤로 요새Fort St. Angelo를 한눈에 즐길 수 있는 경치가 아름답다. 셍글레아Senglea 반도의 끝에 있는 '베텐테'라고 불리는 바다에 셍글레아Senglea의 중요한 포인트인 돌출된 감시탑이 있다. 이 감시탑에는 감시를 상징하는 눈, 귀, 학이 조각되어 있다. 접근해오는 적 세력을 바다와 하늘에서 눈을 뜨고 귀를 기울이며 쉬지 않고 감시하고 있다는 것을 알리기 위해서라고 한다.

주소_ Gardiola Gardens, Senglea
시간_ 7~22시

종교 재판소
Inquisitor's Palace

중세 유럽에서는 정해진 종교 이외의 신앙을 하는 이도교는 처벌을 했다. 몰타에서는 기사단이 본거지를 두고 있었던 시대에 종교재판소가 만들어졌으며, 나폴레옹이 이끄는 프랑스군이 섬에 점거하기 전까지 이용되었다. 감옥으로 사용되던 지하에는 당시 잡혀있었던 이도교의 낙서 흔적이 선명하게 남아있다.

비르구 마리나 & 워터 프론트
Birgu Marina & Waterfront

산책하다 지쳤을 때 휴식하기 좋은 장소가 바로 워터프론트Waterfront 지역이다. 요트 마리나Marine를 중심으로 번성하게 된 지역으로 레스토랑, 카페가 늘어서 있다. 상대적으로 휴식할만한 곳이 적은 쓰리 시티즈The Three Cities에서 알아두면 좋은 장소이다. 갤리선 선장의 저택이었던 건물은 지금은 카지노 드 베네치아라고 하는 카지노가 되어 관광객들이 이용하고 있다. 카지노를 즐길 수도 있지만 마리나Marine를 바라볼 수 있는 전망 좋은 멋진 레스토랑도 이용할 수 있다. 카지노에 입장할 때는 여권이 꼭 필요하니 잊지 않고 지참하도록 한다.

쓰리 시티즈의 골목 골목

빅토리오사의 골목설명골목 산책을 즐긴다면 빅토리오사의 뒷골목을 빼놓을 수 없다. 돌길의 좁은 골목에는 빽빽하게 건물들이 들어서 있고, 그 건물 사이에서 새어 나오는 부드러운 햇살이 벌꿀 색 집을 환하게 비추고 있다. 건물은 전부 라임스톤(석회암)으로 만들어졌기 때문에 벌꿀과 같은 옅은 노란색으로 통일되어 있지만, 어느 집을 보더라도 창문의 색과 손잡이, 베란다 같은 곳은 각자의 개성을 강조하여 차이를 보인다.

벽을 기는 덩굴, 계단에 아무렇게나 놓인 식물, 차위에서 잠자고 있는 고양이까지 전부 아름다운 조화를 이루고 있으며 언제까지나 이 공간에 머물고 싶게 만들어 버린다. 몰타 사람에게는 그저 아무것도 아닌 보통 골목처럼 느껴질지 모르겠지만, 관광객에게는 마치 동

화 속에서 헤매고 있는 듯한 신비로운 분위기가 전해진다. 골목 산책 중에는 기사단의 상
징인 말티즈 십자가가 들어간 기사단 연고 건물도 많으므로 유심히 살펴보도록 하자. 또
한, 각 집마다 손잡이의 모양이 매우 특색이 있다. 물고기 ,돌고래 모양 등을 살펴보면 재
미있는 볼거리가 많다.

135

Sliema & St. Julian's

슬리에마 & 세인트 줄리안스

SLIEMA

슬 리 에 마

몰타어로 '평화'를 뜻하는 슬리에마Sliema는 몰타 북부의 중앙에 있는, 수도인 발레타에서 가까운 도시이다. 슬리에마Sliema라는 도시는 '평화'를 의미하는 예배당의 이름에서 유래했다. 고층 건물과 번화가가 몰려 있는 현대도시로, 예전에는 저렴한 숙소들이 몰려 있는 곳이었지만 최근에 인구 17,000명을 돌파하면서 상황이 변화하고 있다. 여름 휴양지로 유명한 슬리에마Sliema에는 상업시설과 나이트클럽, 커피전문점과 레스토랑이 몰려 있다.

이름의 유래

1881년에 슬리에마Sliema에 몰타 해수 증류소가 세워져 영국군에게 물을 공급했다. 이후 부유한 발레타 주민들을 위한 여름 휴양지로 각광을 받으면서 해안선을 따라 해변이 만들어졌다. 그래서 지금도 해안선을 따라 수영이 가능하지만 모래 해변은 없다.

지금도 많은 슬리에마Sliema 거리는 영국 총독의 이름을 따서 지어졌다. "노퍽 스트리트Nopuk St, 프린스 오브 웨일즈로드 Prince of Wales road, 윈저 테라스Winger Terrace, 그레이엄 스트리트Grayum St, 밀너 스트리트Millor St, 포트 케임브리지Port Cambridge 등이다.

간략한 슬리에마 & 세인트 줄리안스의 역사

원래 작은 어촌마을에서 시작한 슬리에마Sliema는 19~20세기 초 영국 주민들이 살기 시작하면서 변화를 시작했다.

조용한 휴식처를 찾고 있었던 영국인들은 상업 중심지인 발레타에 가깝지만 조용했던 슬리에마Sliema와 세인트 줄리안의 해안을 끼고 있는 산책로에 매료되었다. 하지만 2차 세계대전 후 50년 동안 도시는 개발의 변화를 겪으면서 아름다운 건물이 큰 아파트 건물과 현대적인 해안 도시로 대체되었다.

슬리에마 IN

공항

몰타 국제공항은 슬리에마Sliema에서 약 11㎞ 떨어져 있다. X2 버스를 이용해 이동할 수 있다. 또는 몰타 공항에서 슬리에마Sliema까지 택시로 약 20€ 정도 비용이 든다.

발레타에서 슬리에마 IN

버스

15번, 21번버스를 타고 발레타의 중앙 버스 정류장에서 이동할 수 있다. 평균적으로 슬리에마Sliema에서 발레타까지 버스를

버스 개념 잡기

버스 티켓(겨울 1.5€ / 여름 2€, 밤 3€)은 최대 2 시간 동안 이용할 수 있다. 몰타와 고조(Gozo) 섬 전체에서 7일 동안 버스와 페리를 무제한 탈 수 있는 티켓을 구매할 수도 있다. 관광객을 위해 만들어진 7일 패스를 이해하자.

타면 약 20분 정도 소요된다. 슬리에마Sliema를 통과하는 다른 버스는 공항으로 가는 X2와 버스 222이다.

페리

슬리에마 해안에서 발레타까지 페리를 타고 15분이면 이동할 수 있다. 페리가 항

구를 가로 질러 직행하기 때문에 해안 도로를 따라 가야하는 버스보다 훨씬 빠르다. 항구의 멋진 사진을 위해 페리를 타기도 한다. 단 파도가 심한 날씨에는 운항이 중지되는 경우가 있으므로 사전에 확인해야 한다. 겨울에는 19시 15분까지, 여름 24시까지 운영한다.

발레타 페리(3€)

슬리에마Sliema에서 발레타 Valetta로 가는 방법은 버스와 페리가 있다. 이 중에서 아름다운 바다를 즐기면서 가장 빠르고 저렴하게 이동하는 방법이 페리이다. 마르사메토 페리Marsamxetto Ferry Services는 1시간에 2번의 페리를 운행한다. 마르사세트Marsamxett 항구, 마노엘 섬Manoel Island, 발레타의 요새를 볼 수 있어 인기가 높다.

홉 온 홉 오프 버스(Hop On Hop Off Bus) (1일 티켓 20€)

오픈 탑 버스로 몰타를 여행하는 가장 좋은 방법이다. 버스는 평일 9시부터 15시, 일요일에는 9시 14시까지 30분마다 슬리에마 페리 테르미누스Sliema Ferries Terminus에서 출발한다.

슬리에마(Sliema) & 세인트 줄리안스(St. Julian's) 파악하기

슬리에마Sliema는 독특한 느낌의 도시로 현지인과 여행자 모두에게 인기를 끄는 도시이다. 다양한 호텔과 바Bar, 펍Pub이 있고, 저녁부터 사람들이 몰려드는 나이트 라이프를 즐길 수 있는 파세빌Paceville에서 밤까지 유흥을 원하는 젊은이들로 꽉 차 있다.

세인트 줄리안스St. Julian's 는 발레타를 오갈 수 있는 마르사메트Marsamxett 항구를 가로 지르는 짧은 페리가 있는 곳이다. 인기 있는 관광지이기도 하지만 주민들이 가장 많이 살고 있는 가장 비싼 주거 지역이다. 슬리에마Sliema는 살기 좋은 몰타의 '강남'같은 지역으로 여겨진다. 최근 수십 년 동안 도시는 급격한 변화로 항상 교통체증이 일어나고 주차 문제가 심각해졌다. 지속적으로 키진 도시는 친근한 이미지는 사라지고, 수익성이 높은 부동산 개발로 비싼 주거지역으로 인식하게 되었다.

슬리에마(Sliema) & 세인트 줄리안스(St. Julian's) 즐기기

해안선은 북쪽의 타시벡스^{Ta 'Xbiex}와 남쪽의 그지라^{Gżira}로 이어지고, 북쪽으로 세인트 줄리
안스^{St. Julian's}로 이어진다. 3개 도시를 연결하는 넓은 산책로로 언제 어디서나 산책과 운동
을 즐기는 사람들을 찾을 수 있다. 이른 아침과 저녁에는 산책로에 조깅을 하거나 산책을
즐기는 사람들이 많이 있다. 아름다운 슬리에마^{Sliema}의 전경을 보고 싶다면 항구가 내려다
보이는 많은 카페 중 하나를 골라 커피와 함께 하루를 시작해도 좋다.

도시 생활을 원하는 젊은이들과 새로 이주한 사람들에 다양한 레스토랑과 펍은 영국의 분
위기가 혼합된 장소이기도 하다. 그러므로 아침부터 밤까지 즐기기를 원하는 관광객은 대
부분 이곳에서 머물고 있다.

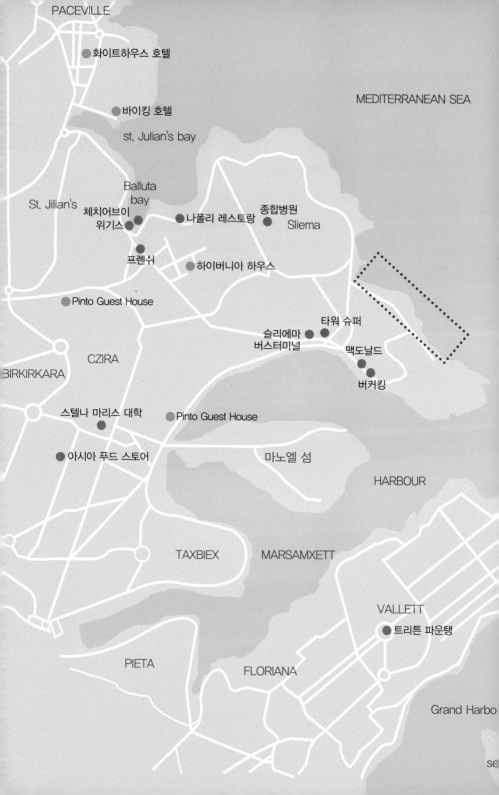

PACEVILLE

● 화이트하우스 호텔

MEDITERRANEAN SEA

● 바이킹 호텔

st. Julian's bay

Balluta
bay

St. Jilian's

체치어브이
위기스 ●

● 나폴리 레스토랑

종합병원

Sliema

프렌쉬

● 하이버니아 하우스

● Pinto Guest House

타워 슈퍼 ●

CZIRA

슬리에마
버스터미널 ●

맥도날드 ●

BIRKIRKARA

버커킹 ●

● 스텔나 마리스 대학

● Pinto Guest House

● 아시아 푸드 스토어

마노엘 섬

HARBOUR

TAXBIEX

MARSAMXETT

VALLETT

● 트리튼 파운탱

PIETA

FLORIANA

Grand Harbo

se

파쳐빌
Paceville

세인트 줄리안스St. Julian's의 나이트라이프 대부분은 몇 곳의 거리에 있는 바와 나이트클럽에 젊은 사람들이 모이는 파티 장소로 몰타 전역에 알려진 북적거리는 파쳐빌Paceville에 집중되어 있다. 파쳐빌

Paceville의 북쪽은 드넓은 세인트 조지 해변의 아름다운 바다에서 수영하기에 좋은 장소이다. 세인트 줄리안스St. Julian's의 도심에서 외곽으로 나가면 물 밖으로 나와 있는 많은 어선을 볼 수 있는 발루타 베이Valluta Bay와 스피놀라 베이Spinola Bay 같은 개성 있는 작은 만들이 있다. 발루타Valleta에는 신고딕 양식의 카르멜 산의 성모 교회와 인기 있고 거대한 구 교구 교회도 도심에 있다.

영국의 잔재, 빅토리아 스타일

실제로 슬리에마Sliema는 부유한 발레타 주민들이 주택 건설을 위해 지역에 투자하기 시작한 19세기 후반에 인기를 얻기 시작했다. 당시 몰타를 통치한 영국인의 영향을 받아 그들은 3㎞ 길이의 해안을 따라 빅토리아 스타일의 빌라와 타운 하우스를 지었다. 최근까지 이어진 개발로 빅토리아 양식은 거의 사라졌지만 유명한 빅토리아 양식과 아르누보 양식의 일부는 도심에 남아 있다. 최근에는 손상되지 않은 채 그대로 남아 있는 일부 건물을 현재 법률로 보호하고 있다. 마노엘 섬Manoel Island를 향한 다리 건너 슬리에마Sliema의 그지라Gzira 쪽에 있다.

섬의 미래를 형성 한시기 에 1565 년 대 공성전 당시 오스만 투르크가 점령 한 슬리에 마가 발견 될 것입니다. 세인트 엘모Fort St. Elmo 요새에서 캐논 볼을 차례로 쏘는 작업 기지이다. 정확한 지점에서 티네 요새는 1792년 세인트 존스 기사단에 의해 항구에 보안을 추가하기 위해 지어졌습니다. 수십 년을 방치 한 후, 요새는 요새 바로 뒤에 큰 주거 단지를 건설하고 부분적으로 완공 한 부동산 개발 회사가 자금을 조달하여 크게 복원되었습니다.

마노엘 섬
Manoel Island

마르사세트 항구Marsamxett Harbour의 한가운데에 위치한 마노엘 섬은 슬리에마Sliema의 옆 동네인 그지라Gżira에서 작은 돌다리를 통해 본토와 연결되어 있다. 요트 정박장 너머로, 구타 트랙을 걸어가면 요새가 나온다.

18세기 기사단의 별은 마노엘 요새Fort Manoel를 형성했다. 같은 기간에 요새의 인접한 라자 레토Raza Reto는 검역 건물로 사용되기도 했다. 최근에 복원 후 미국의 인기 TV시리즈 왕좌의 게임Game of Thrones에서 촬영 장소로 사용되었다.

///

주소_ Manoel Island
전화_ +356-2065-5500

티네 포인트
Tigne Point

티네 포인트Tigné Point 요새는 1565년대 오스만 투르크의 공격을 물리친 공성전의 중요한 역사적 전투의 장소이다. 오스만 제국을 침공한 드라군 장군은 치명적인 부상을 입었지만 전쟁의 결과에 큰 영향을 미쳤다.

엉국의 통치시대에는 군사 구조물의 잔재였던 티네 막사Tigne Barracks 부지에 세워진 티네 포인트Tigne Point는 현재 미국에서 가장 큰 현대식 고층 건축물이 모여 있는 곳으로 최근 10년 동안 가장 큰 재개발 프로젝트 지역이었다. 고급 아파트, 상점, 사무실이 혼합된 거리는 이제 수많은 관광객과 현지인들이 매일 같이 거리를 채우고 있다.

> **자물쇠 장식**
>
> 큰 소매점인 더 포인트(The Point)로 연결되는 보행자 다리에는 수십 개의 작은 자물쇠가 장식되어 있다. 프랑스 파리의 퐁데 아트 다리(Pont Des Arts bridge)를 본따 만늘어졌다 .

주소_ Tas-Sliema, Tigne Point,
　　　　The Point Shopping Mall
전화_ +356-2065-5550

살레 시안 극장
Salesjan Theater

살레 시안 극장Salesian Theatre은 해안 산책로에서 내륙으로 몇 거리에 위치한 슬리에마Sliema에서 유일한 세기의 극장입니다. 이 나라의 문화적 기준점 중 하나가 되겠다는 사명으로 복원 및 재개 된이 친밀한 분위기는 클래식하고 대중적인 라이브 음악, 연극 및 현대 미술 전시회를 포함한 다양한 분야의 공연을 개최합니다. 몰타 출신의 화가 주세페 칼리 Giuseppe Cali 의 치장 벽토 장식과 벽화 는 인류의 미덕으로 극장의 프로 시니 움을 장식합니다.

위치_ 구제 하워드 스트리트 Teatru Salesjan
전화_ +356-2133-1447

3 몰타 영화배우 동상
3 Maltese Actors Statue

보행자 전용 비사자 거리Bisazza Street에 위치한 이 조각품은 몰타 배우 겜마 포르텔리Gemma Portelli(1932~2008), 찰스 클레스Charles Clews(1919~2009), 빅토르 아팝Victor Apap(1913~2001)의 조각품이다.
3명의 인물은 차 컵과 차 주전자가 놓인 테이블에 앉아 있고 4번째 의자는 비어있어 사람들과 함께 앉도록 설계되었다. 청동으로 된 도자기로 제작된 이 작품은 2011년에 아티스트 브라이언 그린Brian Green이 조각했다.

위치_ Bisazza Street

MALTA

해변 산책로
Il-Fortizza

길이 2㎞가 넘는 타워로드의 해변 산책로
는 몰타의 도시에서 어디에서나 즐길 수
있는 가장 긴 바다 전망 중 하나이다. 퀴
이-시-사나Qui-si-sana의 가장자리에서 시
작하여 세인트 줄리안스St. Julian's로 이어진
다. 요새Fortress(Il-Fortizza)와 망루, 교회, 많은
상점들이 주변에 있다.

로마 수영장(목욕탕)
Roman Baths

모래 해변이 부족함에도 불구하고 Sliema 의 해안선은 여전히 이러한 목욕 덕분에 수영이 가능하다. 해변에 있는 서프사이드 레스토랑Surfside Restaurant 바로 아래에 는 일련의 직사각형 암석 수영장이 있으며, 해류로부터 보호되도록 만들어졌다.

그 옆에는 수영장 사다리가 있다. 수영장은 최초로 로마인들이 암석을 파내 만들었고 이후에 영국의 빅토리아 시대에 해변을 즐기기 위해 추가로 만들어지기도 했다. 빅토리아 시대부터 'Fond Ghadir'로 불리기도 했다.

더 포인트 쇼핑몰
The Point Shopping mall

몰타에서 가장 크고 항상 사람들이 많아서 복잡한 쇼핑몰로 항상 북적인디. 디양한 명품부터 대중적인 브랜드까지 우리에게는 친숙하게 다가온다. 하지만 대한민국에서 구입하는 가격보다 저렴하지는 않으므로 필요한 물건만 사는 것이 후회를 안 한다. 화장품 매장과 카페는 여성들이 구입하는 물품과 요리가 많아서 만족도가 높다.

홈페이지_ www.thepointshoppingmall.com
위치_ Tigne Point
전화_ +356-2065-5550

맘마미아
Mamma Mia

저렴하고 푸짐한 음식을 먹을 수 있는 맘마미아는 돈이 부족한 유학생들에게 친숙하다. 저렴하다고 음식의 질이 떨어지지는 않는다. 피자, 파스타, 샐러드 등과 립요리까지 양이 많아 배부름을 느끼게 된다. 여성들은 3명이서 2인분만 주문하는 것이 현명하다. 남성들은 충분히 먹을 수 있는 양이므로 푸짐하게 즐기기를 바란다.

비지비
Busy Bee

오랜 전통을 자랑하는 유명 케이크 가게로 '바쁜 벌'이라는 뜻처럼 케이크를 주문하는 사람들로 항상 북적인다. 직원들은 분주하게 움직이는 것이 바쁜 벌이라는 뜻과 비슷하기는 하다. 매우 단맛이 강한 티라미슈가 인기가 높다. 몰타의 전통 빵도 판매하고 있으므로 찾아가면 후회하지 않는 곳이다.

홈페이지_ www.busybee.com.mt
주소_ 30 Ta' Xbiex, Seafront
이메일_ info@busybee.com.mt
시간_ 9~22시(일요일 8~10시까지)
전화_ +356-2133-1738

홈페이지_ www.mammamia.com.mt
주소_ Ix-Xatt Ta' Xbiex
이메일_ mammamia@malta.net
시간_ 12~15시, 18~23시
전화_ +356-2133-7248

서프 사이드 스포츠 바 & 그릴
Surf Side Sports Bar & Grill

식사를 하면서 스포츠를 볼 수 있는 레스토랑이지만 가족들이 외식을 즐기는 곳으로 항상 사람들이 몰리는 유명 레스토랑이다. 갓 준비한 샐러드, 갓 구운 케이크, 모로코 양고기 타진과 스페인 옥수수까지 다양한 요리를 제공하고 있어서 다양한 국적의 고객들이 다양한 언어로 이야기하는 곳이다.

주소_ Surfside Bar & Grill, Tower Road
이메일_ surfsidemalta@gmail.com
시간_ 11~23시
전화_ +356-2134-5384

베치아 나폴리
Vecchia Napoli

장작 오븐에서 구운 뛰어난 나폴리 피자와 이탈리아 피자를 제공하고 있다. 깔라마리 튀김, 파스타 등 정통 이탈리아 음식을 먹고 있다면 꼭 찾아가 보자. 직원은 친절하고 저녁에는 분위기 있는 조명이 더욱 음식 맛을 돋아준다. 화덕에서 구운 피자는 가장 인기 있는 메뉴이다.

홈페이지_ www.vecchianapoli.com
주소_ Tower Road 255
이메일_ info@vecchianapoli.com
시간_ 18~23시(주말 12~23시 / 공휴일 12~16시, 17~23시)
전화_ +356-2134-3434

St. Julian's

세인트 줄리안스

북부의 쾌활하고 근심 걱정 없는 휴양 도시인 세인트 줄리안스St. Julian's는 몰타의 어느 멋진 해안보다도 매력을 가지고 있다. 태양과 바다, 맛있는 몰타 요리를 즐기며 휴식을 취하고 세인트 줄리안스St. Julian's에서는 햇살 가득한 휴가를 즐기기 위해 필요한 모든 것을 찾을 수 있다. 한때 초라한 어촌이었던 이곳은 지금은 호텔, 바, 레스토랑으로 가득한 아름다운 해안선의 거대한 휴양 도시가 되었다.

여름이면 세인트 줄리안스St. Julian's에는 몰타 전역을 물론 전 세계의 관광객들이 찾아온다. 거대한 포르토마소 마리나Portomaso Marine를 거닐며 일렬로 서있는 엄청난 수의 요트들을 볼 수 있다. 몰타의 가장 높은 빌딩이자 도시의 유일한 고층 건물인 포르토마소 비즈니스 타워 안에 자리한 포르토마소 카지노가 있다. 웅장한 스피놀라 궁전Spinola Palace은 귀족 출신의 기사를 위해 17세기에 지어졌으며 지금은 지중해의원총회가 열리는 곳이다.

세인트 줄리안스St. Julian's과 주변 지역은 원래 한적한 어촌 마을이었지만 최근 10년이 넘는 기간 동안 대규모 건축 개발 사업이 진행되어 방문객을 위한 활기 넘치는 지역으로 거듭나게 되었다. 세인트 조지 비치는 해안 휴양 도시의 모든 명소와 인접해 있으므로 밤이 되면 취객들로 인파를 이룬다.

세인트 조지 비치
St. George Beach

바위투성이의 세인트 줄리안스St. Julian's 해안 지역에 위치한 이 보기 드문 모래사장은 젊은이들 사이에서 많은 사랑을 얻고 있다. 세인트 줄리안 도심 북부에 위치한 세인트 조지 비치St. George Beach에서는 지중해 바다에 몸을 던지거나 모래 위에 누워 휴식을 즐길 수 있다. 이 지역은 고급 호텔에 묵고 있는 관광객과 투숙객으로 상당히 붐비는 곳이지만 세인트 조지 비치St. George Beach에서는 그저 여유롭게 휴식을 즐기며 광활한 수평선을 바라볼 수 있는 장소이다.

세인트 조지 비치St. George Beach 주변에는 다양한 호텔뿐만 아니라 영어 학교도 많다. 그래서 다른 비치보다 젊은이들이 많다. 여름에는 일찍 도착해야만 아이들과 젊은이들이 도착하기 전에 모래사장의 맘에 드는 자리를 고를 수 있다. 몰타의

나이트라이프는 파처빌Paceville에 집중되어 있지만 이곳 주변도 역시 저녁에 가볼 만한 곳이 많다.

스피놀라 베이(Spinola Bay)

'LOVE'라는 단어가 뒤집혀 있는 조형물을 보고 관광객이 사진을 찍는 장소가 스피놀라 베이가 있다. 스피놀라 베이(Spinola Bay)를 포함해 더 큰 만을 발루타 베이(Balluta Bay)라고 하기 때문에 혼동되는 경우가 많다. LOVE라는 단어는 수면에 비쳐 반사된 바다를 보면 뒤집혀 있지 않은 LOVE가 보이고 그림자로도 보이게 된다.

스피놀라 베이(Spinola Bay)가 인상적인 이유는 세인트 조지 비치(St. George Beach)와 발루타 교회(Valluta Church), 수많은 요트들의 아름다운 장면을 레스토랑에 앉아볼 수 있기 때문이다. 그래서 관광객은 누구나 스피놀라 베이(Spinola Bay)의 레스토랑에서 해지는 노을과 함께 분위기 있는 저녁식사를 즐길 수 있다.

발루타 베이
Balluta Bay

번화한 세인트 줄리안의 매력적인 지구에 있는 발루타 베이Balluta Bay의 돌로 된 거리는 얕은 청록색 물 바로 위에 있는 것처럼 보인다.

해가 질 때까지 발루타 베이Balluta Bay의 산책로를 걷고 따뜻한 공기에 실려 오는 행복한 소리를 들을 수 있다. 해가 뜨기 직전에 북동쪽을 향해 있는 만이 장밋빛으로 빛나는 것을 볼 수 있다. 세인트 줄리안의 세련된 리조트 지에 있는 맑은 에메랄드빛 만에 자리 잡고 있다.

썰물 때 나타나는 약간의 은빛 모래를 제외하고 발루타 베이Balluta Bay의 해변에는 모래가 없다. 거리에서 따뜻한 바닷물 속으로 계단을 따라 걸어 내려가거나 몰타 스타일로 도로나 근처 바위 위에서 일광욕을 즐기는 장면을 볼 수 있다. 잔잔한 바닷물에서 스쿠버 다이빙을 할 수도 있다.

발루타 베이Balluta Bay의 독특한 형태 덕분에 소란스러운 세인트 줄리안의 나머지 구역으로부터 살짝 동떨어져 있다. 리조트 지구의 일부이지만, 수십 년 동안 많은 주민들이 살아왔기 때문에 옛 몰타의 정통성도 지니고 있다. 발루타 베이Balluta Bay에서 앉아서 경치를 즐기고 몰타의 햇살 속에서 각자의 일상을 보내는 사람들을 구경할 수 있다.

발루타 베이 즐기기

산책로는 이웃 지구인 슬리에마와 세인트 줄리안스 사이의 해안을 따라 이어지고 발루타 마을을 통과한다. 몰타에서는 특이한 건축 양식인, 신고딕 양식의 카르멜 산의 성모 교회는 바다를 향해 서있으며 극적인 파사드(Passade)는 거리 풍경 위로 우뚝 솟아 있다.

도로를 따라 더 멀리 가면 아르누보 양식으로 만들어진 멋스러운 아파트가 한 줄로 죽 늘어 서 있는 호화로운 발루타 빌딩스가 있다. "Ballut"는 오크 나무를 뜻하는 몰타식 이름이기 때문에 삼각형의 발루타 광장은 오크 나무 그늘에서 먹고 마실 수 있는 매력적인 장소들로 둘러싸여 있다.

유명한 몰타 출신의 인물인 안토니오 카사르 토레지아니가 지은 호화로운 별장은 초특급 호텔 레 메리디안의 부지에 있는 레스토랑인 더 빌라가 되었다. 발루타 베이는 외식 중심지이기도 하다. 발루타 키오스크 같은 옛날 스타일의 카페들도 있다.

발루타 교회
Balluta Church

발루타 베이에 우뚝 서 있는 발루타 성당은 주변에 아름다운 해안과 같이 있어 더욱 인상적으로 다가온다. 네오고딕 양식의 로마 가톨릭 교구 교회이다. 교회는 20세기 초에 최초의 카르멜 교회로 만들어졌다. 1859년 주세페 보나 비아 Giuseppe Bonavia의 계획에 따라 세워진 작은 신 고딕 양식의 예배당이었다.

1877년, 에마누엘레 루이기 갈리지아 Emanuele Luigi Galizia의 계획에 따라 재건되었다. 이후 건축가 구스타보 알 빈센트리 Gustavo R. Vincenti의 계획에 따라 1900년에 다시 건축되었다. 1958년에 조셉 엠. 스피테리Joseph M. Spiteri가 교회를 확대 재건축하였다. 1974년에 교회 주변 지역은 세인트 줄리안 교구와 별도로 만들어졌고 1984년 12월 12일에 헌납되었다.

주소_ St John Bosco Street
전화_ +356-2133-0238

EATING

카페 쿠바
Cafe Cuba

카페 쿠바는 대중적인 레스토랑으로 슬리에마Sliema에도 지점이 있다. 해안가에 위치하여 바다를 바라보면서 식사를 할 수 있는 점이 가장 인상적이다. 하지만 세인트 줄리안St. Julian's에서 바라보는 전망이 더 아름답기는 하다. 햄버거, 파스타. 샐러드가 상당히 맛있어서 현지인들도 추천하는 레스토랑으로 정평이 나있다.

홈페이지_ www.cafecuba.com.mt
주소_ Cuba Spinola Bay
이메일_ info@cafecuba.com.mt
시간_ 11~23시
전화_ +356-2010-2323

페피노스 레스토랑
Peppino's Restaurant

현지인이 추천하는 레스토랑으로 파스타, 햄버거, 피자가 주 메뉴이다. 많은 관광객들이 다녀가는 세인트 줄리안스의 거리에 있는 레스토랑에는 맛으로 정평이 나있는 레스토랑보다는 대중적인 음식들을 대부분 판매하고 있다.
카페 쿠바 건너편에 있어서 바다를 바라보면서 음식을 즐길 수 있는데, 2층에서 바다 양쪽의 황토색 건물들과 어울리는 바다를 더욱 잘 볼 수 있다.

홈페이지_ www.peppinosmalta.com
위치_ Spinola Bay
시간_ 11~23시
전화_ +356-2010-3347

굴루루
Gululu

현지인이 추천하는 레스토랑으로 몰타 전통 음식인 토키고기를 먹을 수 있는 곳으로 유명하다. 외관은 허름하지만 내부는 상당히 깔끔하다. 정평이 나있는 레스토랑이지만 음식의 가격들도 상당히 저렴하다. 여성들이 주문을 한다면 3명이 2인분만 주문해도 문제는 없을 것이다.

홈페이지_ www.gululu.com.mt
주소_ 133 TriqSpinola Bay
이메일_ info@gululu.com.mt
시간_ 18~23시(주말과 겨울에는 12시부터 시작)
전화_ +356-2013-3431

솔트 & 페퍼 레스토랑
Salt & Pepper Reataurant

몰타 근해인 지중해에서 잡아온 신선한 해산물을 바탕으로 맛있는 음식을 제공하고 있다. 오징어, 새우, 조개, 낚지 등의 해산물을 넣은 파스타는 특히 맛이 좋다.

가격도 합리적이어서 가격 부담이 없이 즐길 수 있고, 바다 가까이, 옆에서 바다를 조망하면서 음식과 경치를 즐길 수 있다.

홈페이지_ www.saltnpepper.com.my
주소_ Olivier Street
시간_ 10~24시
전화_ +356-7777-1613

스피놀라 호텔
Spinola Hotel

세인트 줄리안스 지역에는 최근에 해변을 따라 새로운 건물들이 많이 들어서고 있다. 스피놀라 호텔도 마찬가지로 해변 가까이에 들어선 호텔로 깨끗하고 방도 넓은 편이다. 또한 버스 정류장에서 가까이 있어서 공항에서 처음 선택하는 호텔로 제격이다. 직원들이 상당히 친절하고 주위의 레스토랑과 관광지에 대해 상세히 알려주기도 한다.

주소_ Triq il Qualiet, STJ 3240
요금_ 68€~
전화_ +356-2014-1500

페블스 부티크 아파트호텔
Pebbles Boutique Aparthotel

슬리에마Sliema의 남쪽 산책로에 위치한 아파트형태의 호텔로 교통요지에 있어서 찾아가기에 쉽다.
깨끗하고 깔끔한 내부와 큰 공간은 여행자를 편하게 만들어준다. 발레타Valetta 항구의 아름다운 전망을 볼 수 있어서 만족도가 높은 호텔이다.

주소_ 88~89 The Strand, SLM 1022
요금_ 71€~
전화_ +356-2131-1889

AX 빅토리아 호텔
AX The Victoria Hotel

건물은 빅토리아 시대이지만 내부를 현대적인 디자인으로 해서 부티크 호텔처럼 아기자기하게 꾸며 놓았다. 메인 거리에 아닌 살짝 골목길이라고 볼 수도 있지만 오래되고 조용한 곳에 위치하고 있다. 직원들이 친절하여 입구에서부터 기분 좋은 느낌을 가지는 호텔이다.

주소_ Gorg Borg Olivier Street, SLM 1807
요금_ 130€~
전화_ +356-2262-3208

워터 프론트 호텔
The Waterfront Hotel

바다를 인접해 있는 요트가 정박된 풍경은 마음을 여유롭게 만들어준다. 루프탑에서 바라보는 바다의 야경은 압권이다. 산책로를 따라 메인 도로에 있는 4성급 호텔로 대중교통을 이용하기에 쉽고 레스토랑이 주위에 많다. 쇼핑몰과 슬리에마 페리Sliema Ferries가 가까워 발레타로 이동하기도 쉽다.

주소_ The Strand GZR 1028
요금_ 105€~
전화_ +356-2090-6874

몰타 엑티비티 Best 5

전형적인 지중해성 기후인 몰타 섬은 여름에는 고온 건조하고 겨울에는 습도가 높다. 연평균 강우량은 약 600㎜이며 대부분의 비는 10월~3월 사이에 내리고 있다. 여름철 낮 기온은 30~35도, 일조시간은 평균 12시간에 이르며, 겨울철의 경우 낮 기온은 15~20도, 일조시간은 평균 5~6시간에 이르는 온화한 날씨를 보여서 엑티비티Activity를 즐기기에 최상의 날씨를 가진 국가이다.

1. 자전거

몰타에서 오래 머물거나 살고 있는 현지인들은 어디서든 쉽게 자전거를 탈 수 있다. 몰타 전역에 자전거를 탈 수 있는 시스템이 구축이 되어 있어서 저렴한 비용으로 자전거를 즐긴다. 관광객도 익스플로어 카드 Explore Card(7일 기준 2일 무료)로 자전거를 탈 수 있도록 만들어 주었다.

2. 수영

바다가 가까이 있는 몰타에서 수영을 배우고 즐기는 현지인들은 너무 많다. 파도가 잔잔하기 때문에 바다라고 위험하지 않을 정도로 수영에 제격이다. 수영을 배우는 사람들은 수영장과 잔잔한 파도에서 전문 수영강사와 함께 배우고 있어서 안전에도 상당히 신경을 쓰고 있다.

3. 스쿠버 다이빙

몰타 섬은 전 지역이 스쿠버 다이
빙을 할 수 있는 장소이다. 하지만
세인트 줄리안스St. Julian's와 부지바
Buggiba, 코미노Comino 섬에서 스쿠
버 다이빙이 가장 많이 이루어지고
있다.

아름다운 바다 속을 직접 볼 수 있
는 스쿠버 다이빙은 상대적으로 장
비를 착용하고 깊은 물속을 들어가
기 때문에 안전에 각별하게 주의해
야 한다. 그래서 초보자는 반드시
전문 강사와 같이 간단한 교육을
받고 바다 속으로 들어가야 한다. 또한 물속에 들어가서 귀가 아프거나 머리가 아프다면
반드시 강사에게 알려주어 도움을 받아야 한다. 그냥 방치하면 스쿠버 다이빙은 힘들고 결
국 밖으로 나와야 하기 때문에 사전교육과 안전이 중요한 해양스포츠이다.

4. 스노클링

스쿠버 다이빙이 장비를 착용하고 바다 깊숙이 들어가는 반면에 스노클링은 마스크와 오
리발만 착용하고 바다에 들어가기 때문에 얕은 바닷물 속을 보게 된다. 대부분의 관광객은
초보자이기 때문에 안전조끼를 착용하고 물에 뜬 상태에서 바닷물 속의 색깔이 화려한 열
대물고기들 본다. 그렇지만 세인트 줄리안스St. Julian's와 코미노 섬의 블루 라군Blue Lagoon에
서 가장 많이 이루어진다.

스노클링은 스쿠버다이빙을 오전에 하고 점심식사를 하고 오후에는 스노클링을 같이 하
기 때문에 스쿠버 다이빙과 같이 투어상품에 포함되어 있지만 수영을 배우면서 잔잔한 파
도 위에서 개인적으로 스노클링을 즐기기도 한다.

5. 바다낚시

몰타 섬은 낚시를 즐기는 사람들을 어디서나 볼 수 있다. 몰타 섬은 모래 비치가 거의 없을 정도로 바다 주위에는 암석으로 이루어진 평평한 바위가 많아서 안전하게 낚시를 할 수 있다. 몰타 해안 지역에서 커다란 바위 위에서 아내는 일광욕을 즐기고 있고 남편은 낚시를 즐기는 장면을 흔하게 볼 수 있다. 암석만 있다면 쉽게 낚시를 즐길 수 있다. 또한 공해 시설이 없어서 깨끗한 바다에서는 초보자도 쉽게 물고기를 낚을 수 있을 정도이다.

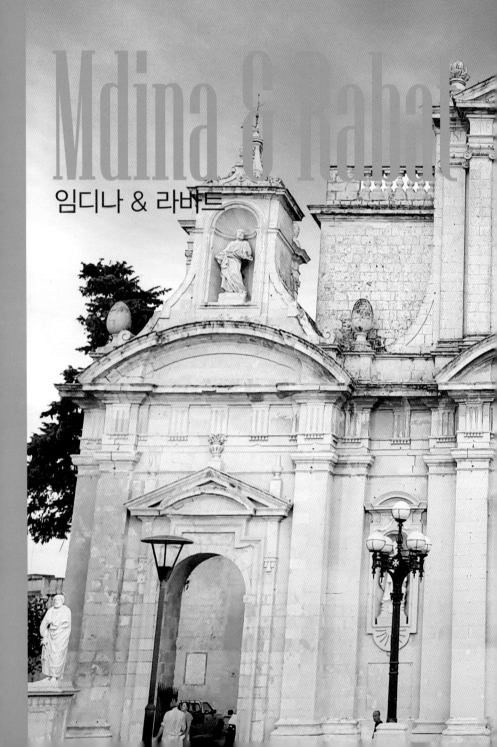

Mdina & Rabat

임디나 & 라바트

MDINA
임　디　나

몰타의 '고요한 도시|Silent City'라고 불리는 임디나|Mdina에는 복잡하게 얽혀 있는 중세 시대의 굽이진 골목길과 고대의 도시 성벽 안에 자리한 아름다운 성당과 웅장한 궁을 구경할 수 있다. '고요한 도시'라 불리는 고혹적인 도시 임디나|Mdina는 몰타의 옛 수도로 중세의 구시 가지|Old Town는 원래의 도시 성벽에 둘러싸여 있으며 섬 한가운데에 위치한 언덕 위에 자리하고 있다.

임디나의 역사 & 둘러보기

임디나Mdina는 기원전 4000년 전부터 도
시로 형성되었지만 지금처럼 요새화된
모습을 갖춘 시기는 아랍 시대였던 870년
경이다.
빌헤나 궁Vilhena Palace에서 출발하는 마차
를 타면 구시가지의 유산을 둘러보거나
도시 전역을 볼 수 있다. 마차를 이용할
때에는 먼저 가격부터 흥정한다.

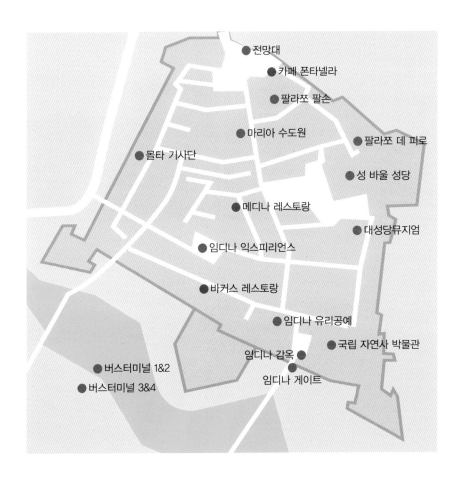

- 전망대
- 카페 폰타넬라
- 팔라쪼 팔손
- 마리아 수도원
- 팔라쪼 데 피로
- 몰타 기사단
- 성 바울 성당
- 메디나 레스토랑
- 대성당뮤지엄
- 임디나 익스피리언스
- 바커스 레스토랑
- 임디나 유리공예
- 국립 자연사 박물관
- 임디나 감옥
- 버스터미널 1&2
- 임디나 게이트
- 버스터미널 3&4

임디나 올드 시티(Old City) 핵심도보여행

좁은 골목과 높은 성벽은 넓은 광장, 웅장한 성당과 아름다운 궁으로 연결되어 있다. 중세의 등불, 화려한 건축물과 좁은 골목길을 섬 곳곳에서 만나볼 수 있는 임디나는 섬 자체가 하나의 박물관이나 마찬가지이다. 임디나Mdina에서는 차를 거의 볼 수 없으므로 도시를 걸어서 둘러보며 여유로운 여행을 즐길 수 있을 것이다. 팔라초 팔슨 저택 역사박물관Palazzo Falson Historic House Museum을 방문하면 미술품과 골동품으로 이루어진 전시회를 관람할 수 있다.

세인트 폴스 광장St. Paul's Square에 들러 엠디나 성당Mdina Cathedral의 매력에 빠져보자. 아름답게 장식되어 있는 성당 안으로 들어가면 성당의 역사와 건축 양식을 알아볼 수 있는 조그만 박물관도 입장이 가능하다. 노르만과 바로크 건축 양식이 조화를 이루고 있는 웅장한 고궁과 건물들을 보고 도시의 굽이진 도로를 산책할 수 있다.

임디나Mdina에서 저녁식사를 즐긴 후 배스션 광장Bastions Square에서 고대 요새로 향해 보자. 절벽 끝으로 내려다보이는 섬과 지중해의 탁 트인 전경을 볼 수 있다. 밤이 되면 분위기 있는 와인을 마시며 하루를 마무리하는 행복을 맛볼 수 있다.

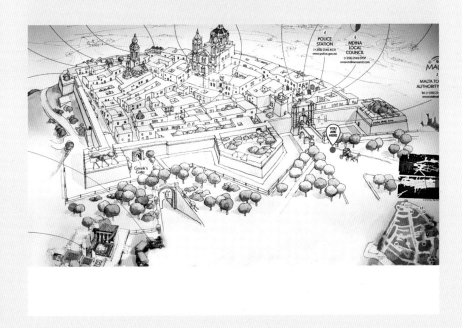

세인트 폴 성당
St. Paul's Cathedral

분위기 있는 고대 도시 안에 자리한 아름다운 예배당에는 흥미로운 역사가 겹겹이 스며있다. 매력적인 임디나Mdina로 향하는 도보 투어의 중요한 경우지인 세인트 폴 성당 안으로 들어가 화려한 내부를 감상한다. 임디나 세인트 폴 Mdina St. Paul's Cathedral이라 불리는 성당에는 하늘 위로 솟은 줄무늬의 팔각형 돔 지붕이 얹혀 있다.

협소한 주변 골목을 따라 거닐며 매력적인 골목길, 인접한 광장과 정원에 둘러싸인 성당은 매력적인 전통적 외관을 갖추고 있다. 하지만 진정한 마법은 건물 안에서 펼쳐진다. 사방이 아름다운 세부 장식으로 꾸며져 있는 성당 내부는 매우 화려하다. 건물 안 구석구석은 석재, 금, 대리석이나 섬세한 삽화로 장식되어 있다. 아치형 구조물 주변은 눈부신 진홍색 천으로 꾸며져 있다. 성당 안을 거닐며 다채로

운 모자이크 장식의 대리석 타일 바닥에서 가장 중요한 성직자의 상징물로 장식된 묘석이 가장 유명하다.

세인트 폴 성당의 역사적인 가치는 엄청나다. 전설에 따르면 지역 총독이었던 푸블리우스가 동부 몰타 해안에 난파되었던 성 바울을 받아 들였고 푸블리우스는 그의 저택에서 성 바울의 회유에 따라 기독교로 개종했다고 한다.

홈페이지_ www.mdinacathedral.com
주소_ Mdina Cathedral, Sathedral Square
위치_ 임디나의 다른 대주교의 궁전(Archbishop's Palace)과 성당 박물관(Cathedral Museum) 사이에 있다. 복합 입장권을 구입하면 성당과 박물관을 모두 입장이 가능
시간_ 월~금 9시 30분~16시 30분
　　　토요일 15시30분까지(30분전까지 입장 가능)
　　　일요일 휴관
요금_ 6€(12세 이하 무료)

현재 성당

17세기 로렌조 가파(Lorenzo Gafa)라는 건축가의 감독 하에 이전의 구조물이 있던 자리에 건축되었다. 성당 건축은 임디나(Mdina)에서 중요한 사건이었으며 성당 부지 확보를 위해 여러 개의 좁은 도로가 철거되었다. 프레스코화, 제의실 문과 세례단 등 옛 성당의 세세한 특징이 신축된 성당에 그대로 유지되었다. 특히 900년 정도 된 나무로 만든 제의실 문은 임디나(Mdina)와 관련된 많은 추억을 담고 있다.

천장을 비롯한 성당 벽면 사방의 아름다운 프레스코화와 미술품이 눈에 들어온다. 성 바울의 개종을 묘사한 제단 뒤편의 커다란 그림은 몰타에서 가장 아름다운 여러 성당을 장식한 바 있는 유명 예술가인 마티아 프레티(Mattia Preti)의 작품이다. 성 바울의 난파 사건을 기념하는 돔 천장의 미술품 역시 프레티가 완성했다.

임디나의 밤풍경

임디나가 성벽 도시가 된 이유

임디다Mdina는 몰타의 옛 수도로, 중세의 분위기가 느껴지는 고색 짙은 매력이 깃든 도시이다. 지금 현재에도 100가구 정도가 살고 있다. 이곳에서는 기원전 약 7,000년이 된 페니키아 시대의 출토품이 발굴되었으며, 페니키아 시대부터 1568년 성 요한 기사단이 발레타를 건축할 때까지 오랜 시간 동안 몰타의 중심지로 번영을 이루었던 곳이다.

언덕에 위치한 임디나Mdina는 조망하기 좋아 적으로부터의 방어가 적합했으며, 요새로 견고하게 공격을 막아내며 안전한 도시로서 입지를 굳혔다. 중세에는 몰타의 귀족들과 상위층 성직자들이 살았으며 품격이 있는 도시로 발전했다. 당시 사람들이 살았던 격식 있는 건물들은 지금까지도 그대로 남아있어 관광객들이 중세 시대를 느낄 수 있도록 안내해주고 있다.

로마 시대에는 지금보다 도시의 크기가 3배 정도 컸지만, 9,10세기의 아랍시대에는 방어하기 쉽도록 현재의 크기로 축소를 했다. 또한 전쟁시 전략적으로 앞을 제대로 볼 수 없는 골목을 만들기도 했다. 점점 사람들이 줄어들면서 골목은 '침묵의 거리'라고 불리게 되었다.

아랍의 지배시대 후에는 1090년부터 시칠리아에서의 노르만인 통치가 시작되었다. 그들이 가지고 있는 '시클로 노르만'이라고 불리는 시칠리아풍의 노르만 건축 양식이 지금까지도 일부가 귀중한 모습으로 남아있다. 1693년에 지진이 일어나 임디나 거리는 절반가량 파괴되었다. 지진 후에 재건축하면서 중요한 건물은 전부 바로크 양식으로 재건됐으며, 예전 분위기를 유지하도록 엄격하게 건축규정을 내려 지금까지 옛 모습을 간직하고 있다.

임디나의 도시 풍경

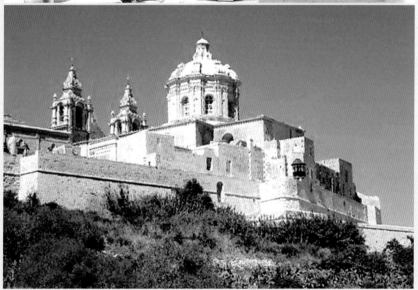

RABAT
라   바   트

고대 아랍어로 '교외'를 의미하는 라바트
Rabat는 한때 성곽 도시 임디나Mdina의 외부
경계 지역이었다. 로마 시대까지 거슬러 올
라가는 역사를 갖춘 고대 도시인 라바트
Rabat에는 고고학과 역사와 관련된 수많은
명소가 있다.
아담한 도시에는 다양하고 흥미로운 여러
사적지를 모두 걸어서 둘러볼 수 있다. 옛
로마 저택을 재건한 로마 박물관에는 모자
이크와 조각상을 비롯한 다양한 문화 관련
유물들이 전시되어 있다.

한눈에 라바트 파악하기

성 바울의 동굴St. Paul's Grotto이 있던 곳에 지어진 매력 넘치는 17세기 교회인 세인트 폴 교회에서는 초기 기독교 역사에 대해 알 수 있다. 성서에 따르면 몰타 해안에서 배가 난파되어 곤란에 처한 사도 바울과 선교사들이 이 동굴(그로토)로 대피했다고 한다. 교회의 지하 묘지를 둘러보고 음산한 지하 통로를 따라 위그나쿠르 박물관Wignacourt Museum으로 가보자.

한때 궁이었던 이곳의 아름다운 바로크식 홀에는 현재 그림, 오래된 은제품과 종교적 유물로 이루어진 컬렉션이 전시되어 있다.

라바트 중심부에 위치한 두 곳의 고대 로마 묘지인 성 바울의 지하 묘지와 성 아가사의 지하 묘지가 있다. 성 바울의 지하 묘지에서는 오디오 가이드를 대여하여 음산한 지하 묘지 안을 직접 둘러볼 수 있다. 도로 맞은편에 있는 성 아가사의 지하 묘지 역시 제2차 세계대전 당시 대피소로 이용되었다. 친절한 가이드가 함께하는 예약 투어에 참여하여 성 아가사의 지하 묘지 및 박물관St. Agatha's Catacombs and Museum과 그 안에 전시되어 있는 다양한 고대 프레스코화와 고고학 유물을 볼 수 있는 곳이다.

딩글리(Dinglri)

라바트 남서쪽으로 2km 정도만 가면 '딩글리'라는 작은 마을이 나온다. 이곳에는 드넓은 바다가 내려 보이는 가파른 절벽 위에서 기가 막힌 노을을 감상할 수 있다. 라바트는 섬 서쪽에 위치한 임디나 Mdina 성벽에서 외곽으로 2km 정도 떨어진 곳에 있다. 라바트에서는 계절과 상관없이 1년 내내 지중해 기후를 즐길 수 있지만 성수기인 6~8월은 피하는 것이 좋다.

성 바울과 아가사의 토굴 카타콤
St. Paul's Cathedral

복잡하게 얽혀 있는 지하 통로와 방을 둘러보고 몰타의 초기 기독교인들이 망자를 묻은 장소를 볼 수 있다. 지하 깊숙이 들어가 서로 인접해 있는 성 바울과 아가사의 토굴 카타콤을 둘러보면 묘지, 복도와 방으로 이루어져 있는 지하망은 4세기까지 이용되었다. 토굴에는 수백 개의 시신을 안치할 수 있었다. 로마 시대에는 도시의 성벽 내에 망자를 안치하는 일이 금지되어 있었다. 초기 기독교인들은 시체를 화장하지 않았으므로 망자를 안치하기 위한 거대한 지하 묘지를 만들었다.

거대한 지하 입구 안으로 걸어가면 두 개의 원형 탁자가 있다. 이 탁자들은 가족들이 매년 망자의 기일을 기념하기 위해 만찬을 나누었던 장소로 알려져 있다. 묘지와 보관실이 줄 지어 있는 복잡하고 협소한 통로를 따라 이동할 수 있다. 이어 성 아가사의 토굴 카타콤을 둘러본 후 지하 바실리카 안으로 걸어가면 비잔틴 양식의 프레스코 벽화들을 볼 수 있다. 이중에는 12세기에 그려진 것들도 있다. 벽화에는 성 아가사를 비롯한 추기경, 성자와 순례자의 모습이 담겨 있다.

박물관에는 상어 이빨과 동물의 뼈는 물론 카타콤에서 발견된 이집트의 유물을 비롯한 선사 시대의 흔적들과 성배와 작은 성서, 나일 강에서 발견된 악어 미라도 있다.

///

위치_ 발레타에서 서쪽으로 11㎞ 정도

가이드 투어

초기 기독교와 로마의 장례 관습에 대해 알아보는 투어이다. 성 바울의 카타콤으로 내려가는 길에는 벽에서 작은 공간을 찾아본다. 이곳에는 한때 어린이의 유해가 안치되기도 했었다.

Mellicha

멜리에하

MELLIeHA

멜 리 에 하

북부 해안에 위치한 도시는 몰타에서 가장 긴 해변, 전통 축제와 아름다운 바로크식 성당으로 잘 알려져 있다. 몰타 본섬의 북부 지역을 둘러싸고 있는 멜리에하Mellieha는 동명의 멜리에하 베이Mellieha Bay를 포함하고 있다. 멜리에하Mellieha는 푸르른 녹지와 섬에서 가장 아름다운 해변들을 끼고 있는 굽이진 해안 지역으로 유명하다.

16세기에 시작된 전통 축제와 행사가 열리는 기간이 되면 도시는 활기가 넘쳐흐르기 시작한다. 멜리에하Mellieha의 역사를 보여주는 유적지와 고고학 유물을 보고 주변의 비옥한 농지에서 자란 신선한 농작물로 만든 현지 요리로 여행의 피로를 풀 수 있다. 멜리에하Mellieha에 있는 멜리에하 교구 교회The Parish Church of Mellieha은 웅장한 바로크 양식의 건축물로, 산마루에 자리하고 있어 도시의 가장 아름다운 전경을 감상할 수 있다. 성당은 9월 초순에 시작하여 2주간 진행되는 축제가 펼쳐지는 장소로 민속음악, 미술전시, 불꽃놀이, 종교행렬을 볼 수 있다.

뽀빠이 빌리지
Popeye's Village

지중해의 온화한 기후를 즐기며 도시를 둘러보고 푸르른 주변 환경과 맛있는 현지 요리를 맛볼 수 있는 천국이다. 놀이공원인 뽀빠이 빌리지Popeye's Village에서 누구나 즐거운 시간을 보낼 수 있다. 뽀빠이 빌리지Popeye's Village의 작고 낡은 집들은 영화 촬영용 세트로 제작되었지만 지금은 워터슬라이드, 미니골프와 극장 공연을 즐길 수 있는 다양한 시설로 바뀌어 있다.

뽀빠이 빌리지Popeye Village는 소박한 목조 건물로 구성된 작은 놀이 공원으로 탈바꿈한 특수 영화 세트 마을로 앵커 베이Anchor Bay에 위치해 있다. 1989년 로빈 윌리엄스가 출연한 파라마운트사의 뮤지컬 영화 뽀빠이Popeye의 제작을 위해 영화 세트로 제작되어 지금에 이르렀다.

영화 세트는 19개의 목조 건물로 수백 개의 통나무와 수천 개의 나무판자가 수입되어 제작되었다. 앵커 베이 주위에 방파제가 바다에서 세트를 보호하기 위해 만들어졌다. 가상의 마을 주변에 설정되어 뽀빠이 선원 오랫동안 잃어버린 아버지를 찾으려고 노력하는 내용이다. 영화를 큰 성공을 거두지는 못했지만 뽀빠이 빌리지Popeye Village는 지금 몰타의 인기 있는 관광 명소가 되었다.

뽀빠이 빌리지는 매일 방문이 가능하고 주말에는 가족 여행객이 많아 붐빈다. 각종 쇼, 놀이기구, 박물관이 있어 몰타에서는 유일하게 놀이공원의 역할을 하고 있다. Popeye, Olive Oyl , Bluto, Wimpy 등의 쇼가 있다.

홈페이지_ www.popeyemalta.com
위치_ Anchor Bay
시간_ 9시 30분~19시(7~8월 / 3~6월, 9~10월 17시까지 / 11~2월 16시(30분까지))
요금_ 12€(어린이, 학생 9€)
전화_ +356-2152-4782

멜리에하 베이
Mellieha Bay

북부 지역에 자리한 반짝이는 천연 해변에서 수영과 윈드서핑을 즐기며 즐거움을 만끽할 수 있다. 차양막 아래의 일광욕침대 위에 누워 눈앞에 펼쳐진 광활한 청옥빛 바다를 바라보며 이 독특한 해변의 온화한 날씨는 누구나 부러워한다. 가드리나 베이Ghadira Bay라고도 불리는 멜리에하 베이Mellieha Bay는 길이가 0.8㎞ 정도에 달하는 몰타에서 가장 긴 모래해변 중 하나이다.

크리스털처럼 투명한 바다를 바라보면 멜리에하 베이Mellieha Bay가 가족 휴양지로 사랑 받는 이유를 금방 알 수 있다. 몰타의 해안 지역 대부분은 바위로 뒤덮여 있기 때문에 이곳처럼 고운 모래 위에 누워 휴식을 즐길 수 있는 곳이 많지 않다. 이 해변은 높은 수질, 안전성과 인명구조원 덕분에 블루 플래그Blue Flag 어워드까지 수상한 바 있다. 또한 삼면이 막혀 있어 물

이 따뜻하고 얕으며 잔잔하기 때문에 아이들이 안전하게 수영을 즐기기에도 좋다. 주변에는 잔잔한 바다 위에서 보트, 워터스키와 윈드서핑을 즐기는 휴양객들을 어렵지 않게 볼 수 있다. 마스크와 스노클링 장비를 착용한 후 물 속의 화려한 물고기들을 볼 수 있다.

암석 지대에 따라 3개의 구역으로 구분되어 있다. 해변 활동과 수상스포츠는 대부분 중앙 구역에서 이루어지며 왼쪽과 오른쪽 구역에서는 한적한 휴식 공간을 찾아볼 수 있다. 진정한 몰타의 매력을 느껴보고 싶다면 일광욕을 즐기며 오렌지와 향초로 만든 현지의 키니 탄산음료를 맛봐야 한다.

걸어서 20분 정도를 올라가거나 해변에서 버스를 이용하면 언덕 위에 있는 멜리에하Mellieha 구시가지에 도착할 수 있다. 현지 주민들에게 사랑 받는 교구 교회, 성 아가타 타워St. Agatha's Tower라고도 불리는 분홍빛 요새 건물인 레드 타워Red Tower를 관광객은 주로 찾는다. 이곳은 17세기에 몰타 해안 지역 곳곳에 타워를 운영했던 성 요한 기사단을 위해 건축되었다. 멜리에하 베이Mellieha Bay에서 곶 지대 꼭대기까지 올라가면 섬의 탁 트인 전망이 시선을 사로잡는다.

///

주소_ Triq Il–Marfa Ghadira

골든 베이
Golden Bay

동쪽으로 해가 지는 것처럼 보이는 아름다운 모래사장은 바위투성이인 몰타의 해안 지역에서 아름답고 희귀한 광경으로 특별한 곳이다. '골든 샌드 비치Golden Sand Beach'라는 이름이 잘 어울리는 골든 베이Golden Bay 해변의 고운 모래 위에 누워 휴식을 즐기는 모습은 항상 즐겁다. 특

히 이곳의 고운 모래는 자갈이 많은 해안 지역에서 보기 드문 특별한 매력으로 다가온다. 들쭉날쭉한 절벽에 둘러싸인 넓은 바다가 눈앞에 펼쳐지며 절벽 위로는 아인 투피에하 타워가 신비로운 자태를 뽐낸다.

골든 베이Golden Bay는 정확하게는 멜리에하Mellieha에 속해 있지 않지만 몰타의 좁은 면적 덕분에 쉽게 갈 수 있다.

중심부에서 약간 벗어나 있어 인파가 크게 몰리지는 않는다. 주민들은 태양 아래에 누워 멀리서부터 다가오는 파도가 해

골든 베이(Golden Bay) VS 멜리에하 베이(Mellieha Bay)

골든 베이는 멜리에하 베이(Mellieha Bay)와 함께 몰타에서 가장 아름다운 해변으로 손꼽힌다. 멜리에하 베이(Mellieha Bay) 해변은 관광지로 개발되어 인위적인 분위기와 수많은 인파로 가득한 곳이 많은 반면 골든 베이(Golden Bay)는 복잡한 리조트에서의 일상에서 벗어나 여유를 즐길 수 있는 좋은 곳이다. 평온한 분위기는 특히 윈드서핑과 수상스포츠를 즐기는 이들에게 많은 사랑을 받고 있다. 우수 해변으로 선정되기도 한 금빛 해변의 아름다운 경관은 칭찬해도 지나치지 않다.

푸른 바다 위로 나와 있는 절벽을 따라 산책을 하면 해변 뒤편 지역은 대형 호텔을 제외하고 크게 훼손되지 않은 아름다움을 지니고 있다. 호텔에 머문다면 전용 해변을 이용할 수 있으며, 카페가 있어 지치면 쉬어갈 수 있는 장점이 있다.

안의 모래를 덮는 소리를 들으며 행복한 시간을 만끽한다.

골든 베이Golden Bay의 해변은 수평선 너머로 사라지는 태양이 자아내는 환상적인 장밋빛 노을이 비출 때 진가를 발휘한다. 별이 빛나는 밤하늘 아래에서 잔잔한 파도 소리를 들으며 잠을 청하고 싶다면 인근에 위치한 아인 투피에하 캠핑장을 이용하면 된다.

위치_ 31, 44번 버스를 발레타나 슬리에마 이용 가능

멜리에하 교구 교회
The Parish Church of Mellieha

멜리에하Mellieha 역사에서 중요한 일부를 차지하는 이 경이로운 교회는 바위투성이의 전초 기지에서 인기 만점의 휴양지로 거듭난 멜리에하Mellieha의 변천사를 보여준다. 북부 지역의 자랑거리인 교구 교회에서는 역사의 장면을 볼 수 있다. 성모 예수 탄생 교회Church of the Nativity of the Virgin Mary라고도 불리는 교회는 멜리에하 베이Mellieha Bay의 아름다운 전망이 한 눈에 들어오는 높은 절벽 위에 자리하고 있다.

멜리에하Mellieha는 19세기 영국의 식민 통치 하에서 문예 부흥을 맞이했다. 교회 역시 비슷한 시기에 건축되었다. 교회 건축은 당시에 큰 사건이었으며 주민들은 인근 채석장에서 바위를 실어 날랐다. 몰타의 다른 교회에서는 보기 힘든 현대적인 모습을 멜리에하Mellieha 교회에 선사했지만 디자인은 시간이 흘러도 변치 않을 매력을 품고 있다. 교회 안으로 들어가면 아름다운 타일 바닥, 높은 천장과 곳곳에 금장식이 수놓아진 우아한 내부가 시선을 사로잡는다.

멜리에하Mellieha 교회 건축은 지역사회의 후원에 힘입은 대규모 공사였다. 교회를 둘러보면 당시 주민들의 애정과 관심을 느낄 수 있다. 20세기에 걸쳐 조금씩 완성된 커다란 돔 지붕과 5개의 종탑을 살펴보면 당시 몰타에서 이름을 날렸던 예술가들의 작품들도 구경할 수 있다.

오랜 세월에 걸친 무관심과 지중해 해적의 끊임없는 약탈의 위협에 시달렸던 몇 안 되는 주민들은 마음의 위로를 얻기 위한 성소가 필요했다.

이렇게 탄생한 곳이 바로 교회 남쪽에 있는 마리아 성지Sanctuary of Our Lady이다. 성모마리아의 모습이 담긴 프레스코화는 성 누가가 그린 것으로 알려져 있다. 성 누가의 축복을 받은 곳으로 알려진 성지는 조그만 주화와 주변 곳곳을 밝히고 있는 양초를 비롯한 수많은 성물과 봉헌물로 장식되어 있다. 성지 아래로 조금 더 내려가면 성모마리아의 성지가 있는 작고 아늑한 동굴이 나온다.

위치_ 10 Triq Is–Santwarju

Bugibba

부지바

BUGIBBA
부　　　지　　　바

중앙 반도에 위치한 도시는 푸르고 투명한 바다가 있는 백사장과 섬의 활기 넘치는 밤 문화로 유명하다. 부지바Bugibba는 세인트 폴스 베이에 위치한 그림 같은 반도 도시이다. 백사장, 청록빛 바다, 기암절벽과 계속되는 화창한 날씨를 보면 부지바Bugibba가 콰아라와 함께 몰타의 최대 휴양지를 이루고 있는 이유를 쉽게 알 수 있다.

부지바Bugibba 해안의 섬에서는 청정 바다에서 다이빙과 스노클링은 물론 호화 유람선 등 다양한 활동을 체험할 수 있다. 바 클럽과 레스토랑을 찾는 사람들로 북적이는 해안 광장인 베이 스퀘어Bay Square에서는 부지바Bugibba의 밤 문화를 경험해 볼 수 있다.

MALTA

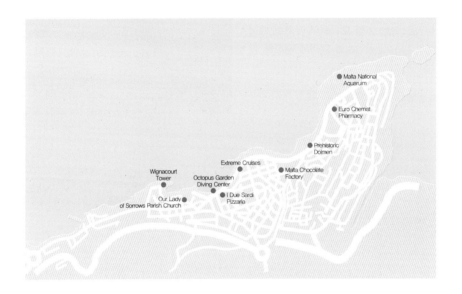

Malta National
Aquaruim

Euro Chemist
Pharmacy

Prehistoric
Dolmen

Extreme Cruises

Wignacourt
Tower

Octopus Garden
Diving Center

Malta Chocolate
Factory

I Due Sardi
Pizzaria

Our Lady
of Sorrows Parish Church

몰려드는 관광객

부지바(Bugibba)에서는 여름에는 화창한 날씨가 계속 이어지며 겨울에도 매우 온화한 날씨를 즐길 수 있다. 여유롭게 해양스포츠와 해변을 즐기고 싶은 관광객이 몰려들고 있다. 부지바(Bugibba)에서 버스를 이용하여 섬의 다른 도시까지 편리하게 이동할 수 있어서 교통도 나쁘지 않다. 부지바(Bugibba)는 아담한 도시이므로 걸어서 쉽게 둘러볼 수 있다. 부지바(Bugibba)에서 조금만 이동하면 멜리에하, 파라다이스 비치(Paradise Beach)와 골든 베이(Golden Bay)처럼 야자수가 늘어서 있는 한적한 해변을 만날 수 있다.

아일렛 프로머나드
Islet Promenade

부지바Bugibba의 유명한 해변이다. 부지바 Bugibba의 해안도로는 살리나 베이Salina Bay에서 세인트 폴스 베이St. Pools Bay까지 연결되어 있다.

가장 인기 있는 인공 해변인 퍼치드 비치 Perched Beach에는 미스트라 베이와 세인트 폴스 제도가 멀리 보이는 아름다운 백사 장이 펼쳐져 있다. 해변은 자리가 금방 찰 수 있으므로 일찍 도착하여 근처의 매점 에서 의자와 파라솔을 대여해 자리를 잡 는 것이 좋다.

다이빙 센터
Diving Center

도시 곳곳에는 다이빙 센터가 있어서 가이드가 함께 하는 스노클링, 스쿠버다이빙 투어에 참여해 지중해 바다 안을 볼수 있다. 초급자부터 숙련자에 이르는 다양한 투어가 준비되어 있고 섬 주변의 기가 막힌 다이빙 장소들을 즐길 수 있다.

유람선
Cruise Ship

유람선을 타고 섬 주변을 구경하다 보면엽서에 나올 법한 만의 풍경과 역사적인장소들을 볼 수 있다. 대부분의 유람선은아일렛 프로머나드 서쪽 끝에 있는 부두에서 출발하며 코미노 섬Island of Comino, 고조와 유명한 블루 라군 주변을 돌아보는흥미로운 코스로 진행된다.

부지바 해안
Bugibba Beach

바위 위에서 일광욕을 즐기며 몰타의 태양을 제대로 느껴볼 수 있는 이상적인 장소이다. 몰타의 다른 바위 해변과는 다르게 인위적으로 조성된 짧은 모래사장이 있다. 해수면보다 높은 곳에 있어 부지바 부유대 해변Bugibba Perched Beach이라 부르고 있는 해변은 높은 질과 안전하다.

따뜻한 모래 위에 누워 휴식을 만끽할 수 있어서 계속 찾는 이들이 늘어나고 있다. 주변에는 다이빙이나 스노클링을 즐기며 크리스털처럼 투명한 바다 속을 탐험할 수 있다. 부지바 해변은 다이빙과 스노클링 명소로 최근에 찾는 이들이 늘고 있다.

부지바 해변 산책로
Bugibba Road

몰타의 해안 어디서든 흔히 볼 수 있는
긴 해변 산책로를 따라 거닐며 하루의 근

심을 날릴 수 있다.

북적거리는 중앙 광장을 둘러본 후 계속
해서 조금만 걸어가면 화려한 관광가Triq It-
Turisti가 나온다. 부지바Bugibba는 최근에 조
성된 광장으로 현대적인 분위기를 선사
한다.

몰타 클래식 자동차 박물관
Malta Classic Car Collection

자동차 애호가라면 몰타 최초이자 유일한 자동차 박물관으로 가서 100개가 넘는 클래식 자동차와 오토바이를 경험할 수 있다. 다양한 모델의 자동차는 애호가들뿐만 아니라 관광객에게 색다른 경험을 제공하고 있다. 영화가 자동차와 자동차 산업과 관련이 있는 영화도 보여준다.
박물관에는 1940, 1950, 1960년대의 골동품과 기념품뿐만 아니라 방대한 클래식 자동차 컬렉션이 있다. 그래서 자동차를 보다 보면 자동차의 역사를 보는 느낌이다. 이탈리아 컨버터블부터 미국의 근육 자동차까지 전시되어 있다.
다양한 빈티지 오토바이와 소형 모델도 볼 수 있다. 박물관에는 골동품 축음기, 주크박스, 패션 아이템과 20세기 중반 산업 디자인도 있어서 20세기의 역사를 보고 있다는 생각이 든다.

홈페이지_ www.classiccarsmalta.com
주소_ Klamari Street, Qawa
시간_ 월~금요일 9~18시
　　　토, 공휴일 13시 30분까지
요금_ 9€(어린이 4.5€)
전화_ +356-2157-8885

국립 수족관
National Aquarium

콰아라 포인트Qawra Point 인근에 있는 몰타 국립 수족관은 바위투성이의 반도 위에 위치해 있다. 2013년에 문을 연 수족관은 현대적인 시설을 갖추고 있다. 가장 먼저 방문객의 시선을 사로잡는 것은 커다랗고 하얀 불가사리가 유리 건물을 덮고 있는 듯한 수족관의 디자인이다. 수족관에서 세인트 폴스 베이의 아름다운 전망을 감상할 수도 있다.

아름다운 해안 지역을 헤엄쳐 다니는 화려한 해양생물들을 둘러보고 상어 터널에서 거대한 포식자들이 머리 위로 배회하는 모습을 구경하면서 생생한 시간을 즐길 수 있다.

26개의 수조에는 약 130종의 물고기가 살고 있다. 상어 터널이 있는 전시관에는 뿔상어, 가오리 상어, 뱀장어를 비롯한 인도양의 다양한 생물이 보전되어 있다. 수족관 안에서는 주변 바다의 역사에 대해 설명하는 전시관이 있다. 그랜드 하버, 옛 난파선 잔해와 바다 속 깊은 곳에 잠겨 있는 비행기를 비롯한 몰타 주변의 해안에 맞게 꾸며져 있다.

주소_ Triq It-Trunciera, Qawra, San Pawl il-Baher
시간_ 월~금요일, 일요일 10~18시
토요일 20시까지(30분 전까지 입장가능)
요금_ 13.9€(어린이 7€)
전화_ +356-2258-8100

MARSAXLOKK
마 샤 슬 록

몰타의 남동부의 4천 명이 안 되는 주민이 살고 있는 작고 전통적인 어촌 마을인 마샤슬록 Marsaxlokk은 몰타어로 "남동쪽에 위치한 항만"을 뜻한다. 발레타에서 북동쪽으로 8㎞ 떨어져 있는 항구가 유명해진 것은 항구의 전망, 피시 마켓, 전통 배 때문이다. 고대부터 발달 된 항구인 마샤슬록Marsaxlokk은 페니키아인과 카르타고 인들이 지중해를 이동하기 위한 항구로 시작해 로마 시대에 발달되기 시작했다.

이름의 유래

마샤슬록Marsaxlokk이라는 이름은 바람이 사하라 사막으로부터 불어온다는 뜻의 아랍어인 '마샤marsa'에서 유래한 것으로 몰타 남동부의 전통 몰타어인 '슬록x-lokk'이라는 단어가 합쳐진 것이다.

지형
몰타 섬의 남동쪽 끝에 위치한 마샤슬록 베이 Marsaxlokk Bay는 계곡을 따라 물이 공급된다. 마샤슬록Marsaxlokk은 몰타에서 가장 작은 계곡에서 내려오는 범람원 중 하나이다. 현재, 작은 습지는 탈-마그히우크Tal-Maghluq만 살아있다. 고대부터 점차 퇴적되었을 수 있음을 알 수 있는 기록이다. 습지가 존재한다는 증명의 출처는 없지만 항구의 머리 쪽에는 늪 환경이 남아 있다.

간략한 역사

기원전 9세기에 페니키아 인들은 항구를 사용하여 몰타에 정착하면서 전용 사원도 만들었다. 로마인들은 자신의 통치 기간 동안 마샤슬록 Marsaxlokk 만Gulf을 정박을 위해 사용했다. 1565년에 몰타를 둘러싸고 포위 공격을 할 때 오스만 투르크 함대에 항구를 제공했다. 마샤슬록Marsaxlokk 에는 2차 세계대전 동안 항구를 보호하기 위해 영국에 의해 세워진 수많은 군사기지가 있었다.

고고학자들은 신석기 시대에 지어진 거석 사원의 유적을 확인했다. 그 후, 성전이 4~5세기에 비잔틴 수도원으로 사용되어 완전히 파괴되기 전까지 사용되었다. 성전 유적이 있는 지역이 큰 벽으로 격리되어 있다.

121

11

마샤슬록 IN

마샤슬록Marsaxlokk은 몰타 공항Malta International Airport에서 거리로 6.5㎞ 떨어져 있다. 자동차로 10분이면 이동할 수 있어서 몰타에 늦게 도착한다면 마샤슬록에 숙소를 예약하는 것이 좋다. 다양한 버스 노선이 마샤슬록Marsaxlokk까지 운행하고 있다.

공항에서 119번 버스를 타면 유일하게 직행으로 이동한다. 오전 6시에서 오후 7시까지 1시간에 1번만 운행해서 시간을 맞추는 것이 어렵다.

81, 85번 버스는 슬리에마와 세인트 줄리안에서 출발해 마샤슬록에 도착하지만 1시간 이상이 소요될 수 있어서 많은 사람들이 타는 버스는 아니다. 슬리에마에서 15번, 세인트 줄리안스에서 13번 버스를 타면 발레타를 거쳐 마샤슬록으로 이동하는 버스이다.

항구의 모습

크고 더 현대적인 선박들이 항구를 가득 채우고 있지만 해안과 항구 주변의 산책은 마샤슬록Marsaxlokk을 즐기는 또 다른 방법이다. 마샤슬록 베이Marsaxlokk Bay에는 비르제부자Birżebbuġa로 향하는 컨테이너 항구와 딜레마라Delimara로 향하는 작은 어선 수리 시설이 있다.

주차

마샤슬록은 일요일에 해안가에 주차하는 것은 어렵지만, 평일에는 쉽게 주차장소를 찾을 수 있다.

투어

반나절 투어를 통해 보트를 타고 마샤슬록(Marsaxlokk)을 방문하여 블루 그루토(Blue Grotto)를 함께 방문한다.

루쯔
Luzzu

현대적인 배
들이 항구를
채우고 있지
만 짭조름한
바다 내음과
파도 소리로
가득한 마샤슬록Marsaxlokk은 다채로운 전
통 몰타의 배인 루쯔Luzzu는 몰타의 상징
이다. 뱃머리의 양쪽에 그려진 눈은 오래
된 페니키아 풍습으로 배를 악으로부터
보호하기 위한 것이다.

컬러풀한 전통 배, 루쯔Luzzu가 항구에 떠
다니는 몰타의 최대 어촌 마을. 몰타의 남
부를 관광하거나 지중해의 해산물 요리
를 맛보기 위해 들리는 사람이 많다.

마샤슬록 마켓
Marsaxlokk Market

마샤슬록에서 가장 유명한 것은 마샤슬
록 마켓Marsaxlokk Market이라고 일요일에 열
리는 피쉬마켓이다. 현재 마샤슬록
Marsaxlokk은 몰타에서 가장 큰 어촌 마을
로 일요일 점심 피시 마켓으로 관광객사
이에서 인기 있는 곳이지만 인구 4,000
명에 가까운 조용한 마을이었다.

마샤슬록Marsaxlokk은 매일 노천시장으로
인기가 있으며 섬에서 가장 훌륭한 해산
물 식당을 선택할 수 있다. 해안과 항구
주변의 평화로운 산책뿐만 아니라 외딴
곳과 오염되지 않은 바다 수영을 할 수
있어서 관광객의 방문은 더욱 늘어나고
있다. 특히 여름철에 산책로를 걸으면서
아이스크림을 움켜쥐고 더위에서 바다
바람을 식힐 수 있어서 좋다.

마샤슬록 마켓

선데이 마켓(Sunday Market)

일요일에는 많은 몰타어부들이 잡아 올린 마샤슬록(Marsaxlokk) 생선시장을 방문해 아침부터 분주하다. 마샤슬록 마켓(Marsaxlokk Market)은 주로 일요일에 해안가를 따라 열리는 대형 어시장과 다른 요일에는 관광객을 위한 시장이다. 일요일 오전에는 몰타 근교에서 잡은 생선을 시작으로 채소, 향신료, 일상 의류, 기념품 등을 판매하는 선데이 마켓(Sunday Market)이 열린다.

그래서 일부 사람들은 '선데이 마켓(Sunday Market)'이라고 부르기도 한다. 화려한 전통 어선 인 '루쯔(Luzzu)'가 떠다니는 어촌마을인 마샤슬록(Marsaxlokk)에는 매주 일요일 아침에 바닷가에 빽빽이 늘어선 노점상에 근교 해안에서 잡아온 해산물을 중심으로 채소, 향신료, 일용품, 기념품 등 다양한 물품을 취급하는 시장이 형성된다. 오전에 시장을 둘러본 뒤에 레스토랑에서 해산물 요리를 점심으로 먹는다면 좋은 추억을 간직할 수 있을 것이다.

어부의 모습

마샤슬록(Marsaxlokk) 마을은 몰타의 가장 큰 어업 항구이다. 전통적인 루쯔(Luzzu) 와 대형 어선이 항구를 둘러싸고 있다. 1주일 동안 어획물을 가지고 오는 어부들은 최근에 문을 연 마르샤(Marsa)의 어시장으로 물고기를 가져간다. 거기에서 생선 소매점이나 식당 주인 등은 이른 아침에 모여 재분배를 하기 위해 생선을 구입한다. 하지만 일요일에는 생선이 마샤슬록(Marsaxlokk) 일요일 수산 시장에서 직접 판매된다.

세인트 피터스 폴
St. Peter's Pool

암석이 아름다운 곡선 모양으로 깎여진 천연 풀로 다이빙과 해수욕을 즐기기에 좋은 곳이다. 몰타의 남쪽에 위치한 아름다운 푸른 바닷물과 천연 석회암 바위로 둘러싸여 있다. 맑은 에메랄드 색과 연한 녹색으로 잔잔한 파도에서 수영을 하고 스노클링을 위한 공간을 제공한다. 몰타의 남서쪽에 있는 델리마라 포인트 Delimara Point의 끝에 마샤슬록 Marsaxlokk과 가까이 있다.

수영장 주변의 평평한 바위는 일광욕을 하기에 좋은 기회를 제공하고, 높이 있는 바위는 강한 태양빛으로부터 그늘을 만들어 준다. 많은 사람들이 다이빙을 하지만 다소 위험하니 무리하게 다이빙을 하지는 말자. 세인트 피터스 풀 St. Peter's Pool 은 현지인과 관광객들이 하루를 보내는 휴양지로 인기가 높다.

마샤슬록 베이 Marsaxlokk Bay로 가는 길에 있다.

가는 방법

81, 119버스를 타고 마르사실 로크 마을에서 내려 2.3km를 걸어야 하므로 가는 것이 쉽지 않다. 그래서 렌터카를 이용하거나 3~4명이 함께 이동하는 것이 일반적이다.

QRENDI
클 렌 디

이탈리아의 시칠리아 섬 아래 위치한 지중해에 있는 작은 섬인 몰타는 대한민국의 제주도 1/6크기에 불과하지만 1년 내내 화창하고 맑은 날씨와 에메랄드빛의 아름다운 바다를 가져 휴양지, 허니문 등을 즐기기 위한 여행지로 제격이라는 설명이 가장 어울리는 곳이 클렌디Qrendi이다. 몰타에서 가장 흥미로운 사원과 아름다운 푸른 동굴과 거대한 아치는 휴양지로 제격이다.

블루 그루토
Blue Grotto

블루 그루토Blue Grotto는 몰타 섬의 남쪽 해안을 따라있는 작은 섬 건너편에 있는 7 개의 동굴 단지를 말하는 것이다. 맑고 푸른 바다라는 뜻의 블루 그루토Blue Grotto 라는 이름은 실제로 1950년대에 얻었다. 코미노Comino 섬의 북서쪽에 있는 블루 라군Blue Lagoon으로 착각하는 사람들이 많

지만 몰타 본섬의 남쪽에 있으니 혼동하지 말자.
높이가 약 30m인 거대한 메인 아치와 6 개의 다른 동굴로 구성되어 있고, 그 중에

는 허니문 동굴, 고양이 동굴, 아름다운 반사 동굴이 있다. 깊게 들어온 바닷물이 수세기에 걸쳐, 단단한 절벽 표면에 대한 파도의 지속적인 충돌로 거대한 동굴과 같은 거대한 아치와 여러 개의 인접한 동굴과 암석을 형성했다.

동굴의 진정한 아름다움은 맑은 날에 빛날 때이다. 푸른 하늘은 동굴아래에 하얀 모래가 해저에 반사되어 푸른색과 코발트색의 물을 만든다. 이 외에도 동굴 벽은 수중 식물군의 화려한 인광 오렌지, 퍼플, 푸른색이 빛과 색상을 만들게 된다.

가는 방법

보트 투어(28€)
블루 그루토(Blue Grotto)를 방문하려면 동굴로 보트 여행을 하는 것이 좋은 방법이다. 보트 여행은 파도가 높지 않으면 매일 가능하며 약 20분 정도 소요된다. 마샤슬록(Marsaxlokk)에서 전통적인 몰타 어선을 타고 이동하는데, 선장은 위치와 동굴을 잘 알고 있는 노련한 어부이다.
▶9~17시(여름 / 겨울 15시 30분까지)
작은 마을인 주리에 크(Wied iż-Żurrieq)로 출발해 마을의 절벽 입구에 있다. 주리에 크로 운전을 하면 도로 표지판이 보이기 때문에 블루 그루토 방향으로 이동하면 된다.

대중교통
발레타 출발 74번 버스(약 30분 소요) / 세인트 줄리안스(St. Julian 's), 파쳐빌(Paceville), 슬리에마(Sliema) 출발 13, 14, 15, 16 버스 / 부지바(Buġibba) 186번 버스 / 라바트(라바트(Rabat) 2 정류장 탑승) 201번 버스 / 치르케와(Ċirkewwa) / 멜리에하(Mellieħa) X1 또는 41, 42, 49, 250번 버스
*발레타로 이동해 74번 버스로 갈아타고 이동해야 한다.

거석 사원
Hagar Qim Temple & Mnajdra Temple

지구상에서 가장 오래된 석조 독립 건축물인 거석 사원은 유네스코 세계 문화유산으로 지정되어 있다.
기원전 3600~2500년 사이에 건축된 이 건물은 스톤헨지보다 더 오래되었으며 더 정교하다. 객실, 지붕, 바닥, 기념비적인 출입구와 석재 가구가 있다.

임나드라Mnajdra와 하자르 임Hagar Qim 신전은 몰타에서 가장 인기가 있는 사원이다. 임나 드라Mnajdra에는 서로 인접한 3개의 사원이 있다. 하자르 임Hagar Qim 신전은 선사 시대의 방 중 하나에 타원 구멍이 있어 여름의 일출과 조화를 이루고 있다

는 사실이 흥미롭다. 여름의 첫날에 태양이 뜨기 시작하면 광선이 구멍을 통과하여 내부의 석판을 비춘다.

ALL
BREAKAGES
ARE
CONSIDERED
SOLD

CRYSTAL

Gozo

고조 섬

GOZO
고 조 섬

수천 년의 역사와 평화로운 자연이 살아 숨 쉬는 고조 섬은 몰타 본토의 북쪽에 위치해 있다. 몰타 섬과 고조Gozo 섬은 거리상으로 가까이 있지만 오랜 시간 동안 교류가 적었기에 몰타인과 고조Gozo인 간의 언어가 구분될 정도로 섬은 나뉘어 있다. 몰타보다 자연이 풍부하고 관광객이 적어 목가적인 섬으로 여유 있는 시간을 즐기기에 좋은 장소이다.

고조 섬 여행하는 방법

몰타에서 당일치기 여행으로도 고조Gozo 섬 관광은 가능하지만 최근 2일 이상 고조Gozo 섬에 머물면서 느릿느릿 즐기는 여행자가 늘어나고 있다. 그래서 투어가 아닌 자유여행으로 고조를 방문하는 여행자는 당일치기여행인지 1박2일 이상으로 여행을 할지 결정하고 고조 섬 여행을 시작하는 것이 효율적이다.

고조 섬 IN

몰타 북쪽에 있는 치케와Cikewwa 항구까지 버스를 이용해 도착한 다음, 항구에서 페리를 타고 25분 정도 지나면 고조 섬에 도착한다. 치케와Cikewwa에서 고조 섬의 임자르Mgarr를 왕복하는 페리는 이른 아침부터 밤늦은 시간까지 운행하므로 시간에 쫓기면서 여행할 필요는 없다.

페리 승선 티켓을 구입해 표를 검색대 위

에 올려놓으면 자동 인식하여 페리에 탑승하게 된다. 그러므로 승선 티켓 없이 페리를 타는 것은 불가능하다. 또한 돌아올 때도 같은 방식으로 탑승하게 되어 페리 안에서는 티켓 검사를 하지 않는다.

월요일부터 금요일 임자르 치케와 페리 시간표 1

Departure MGARR	Departure CIRKEWWA	13:30	14:15
00:45	01:15	14:15	15:00
01:30	02:15	15:00	15:45
02:15	02:45	15:45	16:30
03:30	04:00	-	16:45
DAY SERVICE		16:30	17:15
-	04:45	17:00	17:45
04:45	05:30	17:30	18:15
05:30	06:15	18:00	18:45
06:00	06:45	18:30	19:15
06:30	07:15	19:00	19:45
07:00	07:45	19:30	20:15
07:30	08:15	20:00	20:45
18:15	09:00	20:30	21:15
08:30	-	21:00	21:45
09:00	09:45	NIGHT SERVICE	
09:45	10:30	21:45	22:30
10:30	11:15	22:00	-
11:15	12:00	22:30	23:15
12:00	12:45	23:15	00:00
12:45	13:30	00:00	00:45

▶ 페리 회사 | www.gozochannel.com
▶ 요금 | 4.65€ / 차량추가 15.70€

페리 탑승 / 하선의 주의사항

1. 페리를 탑승할 때 많은 관광객들은 급하게 뛰어가면서 까지 페리에 올라타지만 관광객의 숫자가 많지 않다면 대부분은 페리를 승선해 착석하는 데 문제가 없다. 여름의 성수기만 아니면 천천히 안전을 고려해 탑승하고 의자에 착석하는 것이 어디든 상관이 없다.
2. 25분 정도로 짧은 페리 이동시간 동안 외부로 나가 사진을 찍거나 아름다운 풍경을 감상하다가 내부로 들어온다. 내부에서 창문을 보면서 바깥을 바라볼 수 있지만 창문은 흐리기에 페리가 출발하면 대부분의 승객은 외부로 나간다.

택시를 타고 가장 빨리 이동하는 방법
고조Gozo 섬에 도착하면 빨리 이동하기 위해 버스를 기다리는 정류장으로 이동하는 데 버스를 기다리는 시간이 상당히 오래 소요된다. 그래서 지속적으로 택시 기사가 버스를 기다리는 승객을 대상으로 가격을 흥정하는 데 시간이 지날 때마다 기다리는 사람들의 숫자는 줄어든다.

빅토리아까지 이동하는 택시 가격을 흥정하되 4명이 탑승해 이동한다면 택시비가 비싸지는 않다. 처음에는 40~50€에서 시작하지만 25~30€까지 흥정이 가능하므로 4명의 택시 탑승자를 찾아서 택시에 탑승하는 것이 가장 빨리 빅토리아로 이동하는 방법이다.

택시 사전 예약은 필요 없다.
고조(Gozo) 섬을 여행하기 전에 인터넷을 통해 택시를 예약하는 것은 불필요하다. 정상가격으로 택시를 탑승한다면 상당히 비싼 비용으로 이동해야 한다. 하지만 정해진 택시 탑승비용이 없고 흥정을 통해 택시에 탑승한다.

택시 회사

고조 웨이(Gozo Way)
주소 : Busket Street
전화 : +356-2156-4461
이메일 : info@gozoway.com
홈페이지 : www.gozo.com/gozoway

마리오(Mario's A Car & Taxi)
주소 : 70, Mannar Street, Xaghra
전화 : +356-2155-7242
이메일 : mario@vol.net.mt
홈페이지 : www.gozo.com/mario

투어 버스를 타는 방법

빅토리아 전체를 이동하는 투어버스는 3개 회사가 운행하고 있는데 시간에 맞춰 페리에서 내릴 수 있다면 택시만큼 빨리 이동할 수 있다. 하지만 18€의 티켓 비용이 저렴하지 않다. 그래도 고조 섬 전체를 볼 수 있다는 생각에 탑승을 많이 하지만 실제로 빅토리아와 슬렌디 까지만 사용하는 경우가 많아서 택시비와 차이는 크지 않다. 아침 일찍 도착해 하루 종일 탑승이 가능하다면 추천한다. 아니라면 택시를 타고 이동하는 것이 효율적으로 여행할 수 있다.

Route 1 Route 2		BUS RUNS EVERY 45 MINUTES									
Mgarr		09:45	10:30	11:15	12:00	12:45	13:30	14:15	15:00	15:45	
Xewkija		09:55	10:40	11:25	12:10	12:55	13:40	14:25	15:10	15:55	
Savina Creativity ✱		10:00	10:45	11:30	12:15	13:00	13:45	14:30	15:15	16:00	TICKET VALID FOR ALL ROUTES
Victoria	to Dwejra	10:15	11:00	11:45	12:30	13:15	14:00	14:45	15:30	16:15	
Ta'Dbiegi		10:25	11:10	11:55	12:40	13:25	14:10	14:55	15:40	16:25	
Dwejre		10:35	11:20	12:05	12:50	13:35	14:20	15:05	15:50	16:35	
Ta'Pinu ★		10:45		12:25	13:10	13:55	14:40	15:25	16:10	16:55	
Fontana Cottage		11:05		12:35	13:20	14:05	14:50	15:35	16:20	17:05	
Xlendi		11:15		12:45	13:30	14:15	15:00	15:45	16:30	17:15	
		HOP OEE THE BUS OR STAY ON RHE BUS FOR THE BLUE ROUTE									
Victoria	to Marsalform		11:35	13:00	13:45	14:30	15:15	16:00	16:45	17:30	17:55
Marsalforn			11:45	13:10	13:55	14:40	15:25	16:10	16:55	17:40	18:05
Ggantija Temples			11:55	13:20	14:05	14:50	15:35	16:20	17:05	17:50	18:15
Ramla			12:05	13:30	14:15	15:00	15:45	16:30	17:15	18:00	18:25
Nadur			12:15	13:40	14:25	15:10	15:55	16:40	17:25	18:10	18:35
Mgarr	Ferry		12:25	13:50	14:35	15:20	16:05	16:50	17:35	18:20	18:45
OPERATES ALL YEAR EXCEPT ON CHRISTMAS DAY		✱ TA' PINU : BUS WAITS FEW MINUTES FOR PHOTO STOP									
		★ SAVINA CREATIVITY BUS WAITS MINUTES ONLY IF AHEAD OF TIME									

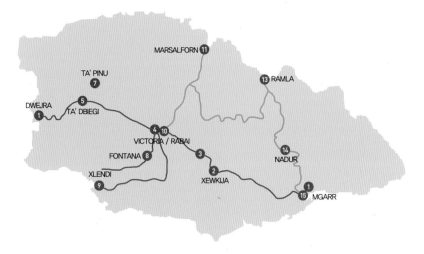

시티투어 버스

시티 관광 버스(City Sightseeing Gozo)
주소 : 41 A Main Gate Street,Victora
전화 : +356-2156-9996
이메일 : info@city-sightseeing.com
홈페이지 : www.city-sightseeing.com/tours/
malta/gozo

고조 관광 버스(Gozo Sightseeing Bus)
주소 : 8 Torri Gauci Str, San Pawl tat-Targa
전화 : +356-7941-9405
이메일 : info@gozoescape.com
홈페이지 : www.gozoescape.com

버스 타는 방법

몰타 교통 패스를 이용하면 고조 섬에서의 버스비는 무료로 이용이 가능하여 많은 관광객들은 버스를 기다리지만 버스 시간을 맞춰 탑승하는 것은 쉽지 않다. 그래서 택시 기사들은 지속적으로 버스를 기다리는 관광객에게 택시비를 이야기한다. 20분 정도만 기다려도 대부분의 관광객은 버스를 기다리지 않고 택시를 타고 이동하거나 투어버스로 갈아탄다.

무료라는 장점이 있지만 버스를 기다리는 시간이 30분 이상 소요되는 경우가 많으니 사전에 효율적으로 여행을 할지 여행경비를 아껴 관광을 할지 미리 결정하고 고조 섬 투어를 시작하는 것이 현명하다.

렌터카 여행

몰타에서 자동차 운전을 하면 혼잡한 출, 퇴근에 교통 정체가 심하고 주차도 도심 안에서는 쉽지 않다. 하지만 고조 섬은 빅토리아 시내를 제외하면 정체가 없어서 고조 섬 전체를 빠른 시간 동안 여행하기에는 렌터카가 상당히 편리하다. 여행자가 버스를 기다리고 타는 시간적인 지체가 심하므로 렌터카를 이용해 고조 섬을 여행하는 관광객은 지속적으로 늘어나고 있다. (몰타 본토에서 페리에 자동차를 싣고 오는 경우 11.05€ 페리 비용 추가)

주의 사항

렌터카를 예약하지 못할 것을 대비해 미리 예약을 하는 것이 좋다고 생각하지만 막상 도착하면 렌터카를 항상 대기하고 있으므로 사전에 예약을 할 필요는 없다. 또한 비용의 흥정도 있으니 도착하여 항구 왼쪽에 있는 사무실로 이동하면 된다.

엠 앤 제이(M&J Car Rentals)
주소 : Qortin Street, Nadur
전화 : +356-2156-2771
이메일 : marios@vol.net.mt
홈페이지 : www.mjcarrentals.com

트랙(MRAC-Trust A Car)
주소 : J. M.Court 3, Patri Anton Debono Street, Victora
전화 : +356-2156-3021
이메일 : bookings@tracgozo.com
홈페이지 : www.tracgozo.com

아르브
젭부즈
샌투 피에트루
사라
샌 블라스 비치
산라우렌츠
빅토리아
나두르
케르쳄
킬라
폰타나
세우키야
문샤르
아인시엘렘
산나트

빅토리아

고조 섬의 수도인 빅토리아 지방에서 가장 중요한 유적지는 시타델The Citadel 요새이다. 이슬람 세력의 침략에 맞서 싸웠지만 함락되어 지배를 받은 유적에서 서로 다른 지역의 문화와 종교를 체험할 수 있다. 다른 문화를 한 장소에서 체험할 수 있는 것은 시타델 여행이 선사하는 즐거움이다. 빅토리아의 종교를 피부에 느낄 수 있는 다양한 성당이 있다. 빅토리아의 광장은 도시의 활기찬 생명력을 느낄 수 있는 가장 좋은 장소이다.

이름의 유래

이슬람 세력의 지배를 받은 고조 섬의 수도인 빅토리아(Victora)는 라바트(Rabat)라는 이슬람 이름을 가지고 있었다.

더 시타델
The Citadel

고조 섬 유적지의 핵심으로 빅토리아에 우뚝 솟아있는 요새도시이다. 지금은 아름다운 고조 경관을 즐길 수 있는 전망이 되어 평화로운 풍경을 볼 수 있다. 하지만, 1551년 고조Gozo 섬이 해적에 침략을 당하여 많은 시민들이 납치를 당했던 비극적인 역사도 품고 있다.

시타델The Citadel은 해적에게 습격당했던 때 피난장소의 역할을 하기도 했다. 가을의 우기에는 아름다운 녹색으로 펼쳐진 아름다운 자연의 경치를 감상할 수 있는 최적의 시기이다.

고조 대성당(Gozo Cathedral)

시타델(The Citadel)의 요새 안에 있는 대성당으로 외관은 소박하고 단순한 구조이지만, 내부는 빨강과 금색으로 화려하게 장식돼 있다. 건축 당시에는 천장에 돔을 설치할 계획이었지만 자금이 부족하면서 더 이상 성당을 지을 수 없었다. 그래서 내부를 살펴보면 천장이 돔 형태로 보이도록 그림을 그려두었다. 외관을 자세히 살펴보면 지붕이 돔이 아닌 것은 쉽게 알 수 있다.

시타델에서 바라 본 고조 섬 전망

시타델 올라가는 길

IĊ-ĊITTADELLA

1. VISITORS' CENTRE
2. RAVELIN
3. CARHEDRAL SQUARE
4. GOZO CATHEDRAL
5. CARHEDRAL MUSEUM
6. GOZO MUSEUM OF ARCHEOLOGY
7. CLOCK
8. DITCH
9. BLOCK HOUSE
10. GUARDROOM
11. CITTADELLA CULTURAL CENTRE
12. ST JOHN CAVALIER
13. GUN POWDER MAGAZINE
14. LOW BATTERY
15. ST JOHN DEMI-BASTION
16. GRANARIES/SILOS
17. RUINS
18. ST JOSEKPH CHAPEL
19. GRAN CASTELLO HISTORIC HOUSE
20. GOZO NATURE MUSEUM
21. SCENIC WALK
22. ST MARTIN CAVALIER
23. ST MARTIN DEMI-BASTION
24. OLD PRISONS
25. GOZO LAW COURTS
26. OLD CLOCK TOWER

솔트판
Saltpans

오랜 세월에 걸쳐 바람과 파도에 의해 깎여진 바위가 우뚝 솟아있는 전망인 솔트판Saltpans은 로마 시대부터 전해져 내려온 고조에서 생산되는 염전이 있다. 강한 햇볕 아래에서 만들어지는 소금은 알갱이가 크고 거칠다. 몰타의 대표적인 기념품으로 시장 등에서 판매되고 있다.

슬랜디
Xlendi

고조 섬에서 가장 아름다운 항구로 홀리데이 아파트와 호텔이 바다를 둘러싼 아름다운 산책로가 있다. 아름다운 풍경을 보기 위해 여름에는 항상 많은 관광객으로 붐빈다. 산책로 끝에 있는 계단으로 수도사들이 사람들의 눈길을 피해 수영했던 동굴로 올라갈 수 있다.

1961년에는 기원전 2세기경과 5세기경에 조난당해 침몰했던 어선이 발견되어 약 35m 깊이에서 인양되었다. 선내에서 발견된 유물은 고조 섬의 중심부인 시타델 The Citadel 안에 있는 고고학박물관에서 볼 수 있다.

람라 베이 & 칼립소 동굴
Ramla Bay & Calypso's Cave

람라 베이 & 칼립소 동굴Ramla Bay & Calypso's Cave는 몰타어로 람라(빨간 모래) 라고 불리는 람라 베이는 이름 그대로 빨간 모래가 특징인 아름다운 모래사장이다. 해변을 내려다볼 수 있는 고지대에는 호메로스의 2대 서사시 중의 하나인 〈오디세이아〉에서 오디세우스가 아름다운 요정에게 7년간 잡혀 지냈다고 전해져 내려오는 칼립소의 동굴이 있다.
동굴 안은 현재 출입이 금지되어 있지만, 동굴 위에서 바라보는 람마 베이의 푸르게 빛나는 지중해는 가히 절경이라 할 수 있다.

타피누 성당
Ta' Pinu

'기적의 교회'라고 불리는 타피누 성당Ta' Pinu은 1833년 교회 근처를 지나다니던 농부가 성모의 목소리를 들은 후 사람들의 병을 치료하면서 기적의 장소로 알려졌다. 교회 내부에는 기적의 목소리에 의해 구원받은 내용이 적힌 감사 편지가 벽을 메우고 있다. 이전의 교황이었던 요한 바오르 2세가 방문했을 때에 교회광장에서 미사를 진행하기도 했다.

주소_ 40 George Borg Oliver St, Gharb

아주르 윈도우 & 블루 홀
Azure Window & Blue Hole

고조 섬의 절경을 감상할 수 있는 아주르 윈도우Azure Window은 수천 년의 바람과 파도의 침식 때문에 만들어진 아름다운 아치Arch를 볼 수 있는 곳이다. 바람의 영향으로 언제 무너질지 모르기 때문에 꼭 봐야 할 장소로 전해진다. 내륙의 바다로부터 보트를 타고 동굴을 빠져나가며 펼쳐지는 지중해와 아주르 윈도우Azure Window의 경치는 그야말로 비경이다. 아주르 윈도우Azure Window 근처에 있는 블루 홀Blue Hole은 인기 다이빙 장소로도 유명하다.

주소_ Dwejra Bay

마살폰
Marsalforn

여름에는 많은 사람으로 붐비는 아름다운 해변 리조트인 마살폰Marsalforn은 원래, 작은 어촌이었던 곳이 변화한 곳이다. 지금도 어부들의 다양한 색들의 보트가 해안 주변에 정박해 있다. 마을 근처 언덕에

는 바다를 내려다보고 있는 기독교 동상이 세워져 있다.

Comino Island

코미노 섬

Comino Island
코 미 노 섬

몰타 본섬과 고조Gozo 섬 사이에 위치한 코미노Comino는 몰타에서 3번째로 큰 섬으로 면적이 3.5㎢에 불과한 작은 섬이다. 자연 보호구역이자 조류 보호구역으로 맑은 푸른 물이 있는 만Gulf인 블루 라군Blue Lagoon이 유명하다. 스노클링과 스쿠버다이빙을 즐기기에 적합한 섬이지만, 인근의 몰타 섬과 고조 섬 사이에 위치해 당일치기 여행을 떠나 휴가를 보내기에 좋은 섬이다.

코미노의 매력

울퉁불퉁 한 절벽과 2개의 작은 모래 해변, 깊은 동굴이 있는 해안선이 아름답다. 코미노 섬은 맑고 푸른 물이 있는 유명한 블루 라군Blue Lagoon으로 유명하다.

해안선의 길이는 2㎞에 불과한 예전의 코미노Comino는 소수의 농부가 살고 있는 작은 섬에 불과했지만 현재는 몰타의 대표적인 휴양지로 유명하다.

간략한 코미노(Comino) 역사

코미노Comino는 오랜 세월동안 몰타 섬을 통치한 사람들에게 방어기지, 해적들의 은신처 등 다양한 목적으로 사용되었다. 로마 시대에는 농부들이 거주했지만 이후 몰타 기사단의 통치기간 동안 사냥에 사용되었다. 멧돼지와 토끼는 기사단이 1530년에 도착했을 당시

부터 코 미 노 섬에 거주했던 것으로 기록되고 있다. (현재, 불법적으로 사냥을 한 사람은 최대 3년 동안 노예로 일하는 가혹한 처벌을 받도록 되어 있다.)

몰타 기사단이 1618년에 조기 경보시스템을 만들기 위해 경고하는 탑을 건설하기로 결정하고 산타 마리야 탑을 세워 침략자들을 막기 시작했다. 16~17세기에 코미노Comino는 감옥이나 추방하는 장소로 사용되었다. 사소한 범죄를 저지른 기사들도 때때로 산타 마리야 타워에 갇혀 고독한 형벌로 처벌을 받았다.

몇 세기 동안 코미노Comino를 사람이 사는 섬으로 만들려고 하면서 본격적으로 정착을 시작했지만 18세기까지 많은 사람들이 정착하지는 않았다. 콜레라와 전염병이 만연했던 19세기 초에는 격리 장소로 사용되었고 산타 마리야 탑은 병원으로 사용되었다.

블루라군

코미노 IN

몰타 섬의 슬리에마Sliema 선착장이나 몰타 섬 북쪽 치르케와Cirkewwa 선착장에서 페리를 타고 가도 된다. 코미노Comino 섬과 가까운 치르케와Cirkewwa 선착장에서는 15분이면 코미노섬에 도착한다.

몰타 본섬의 치르케와Cirkewwa – 고조 섬에서 정기 페리를 통해 코미노Comino로 이동할 수도 있다. 코미노Comino로 가는 데 약 25분이 소요되며 왕복 요금은 약

10€이다. 코미노 선착장은 북쪽에 있는 산 니클로 베이에 있다.

코미노 페리

기상 조건이 좋으면 1년 내내 코미노Comino를 이용할 수 있는 2개의 페리 운항사가 있다. 코미노 페리Comino Ferries와 앱슨스 페리Ebsons Comino Ferries이다. 둘 다 몰타를 북쪽으로 치르케와Cirkewwa 근처에서 출발한다.

코미노 페리(Comino Ferries)

운행 노선 : 치르케와(Cirkewwa) – 코미노

시간 : 9~16시 30분

전화 : +356-9940-6529

요금 : 12€(어린이 6€)

홈페이지 : www.cocminoferries.com

이메일 : info@cominoferries.com

앱슨스 페리(Ebsons Comino Ferries)

운행 노선 : 치르케와(Cirkewwa) – 코미노
　　　　　　고조 – 코미노

시간 : 8~18시

전화 : +356-2155-4991

요금 : 12€(어린이 6€)

홈페이지 : www.cocminoferryservice.com

이메일 : ebscruises@onvol.net

코미노 섬 준비물

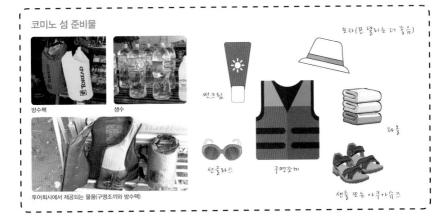

방수팩　　　　　생수

투어회사에서 제공되는 물품(구명조끼와 방수팩)

썬크림

모자(판 달리는 더 좋음)

선글라스

구명조끼

타올

샌들 또는 아쿠아슈즈

코미노 보트투어

슬리에마Sliema 또는 부지바Buġibba에서 출발하는 보트 투어는 당일치기 여행으로 예약 할 수 있다. 일반적으로 블루 라군Blue Lagoon에서 5~6시간 동안 멈추고 섬의 일부를 항해한다. 투어는 페리를 타는 것처럼 저렴하지 않은 단점이 있다. 블루 라군Blue Lagoon 1일 보트 여행은 블루 라군Blue Lagoon과 고조Gozo 섬을 다녀오고 3시간 정도의 일몰 크루즈는 추가 사항으로 선택해야 한다.

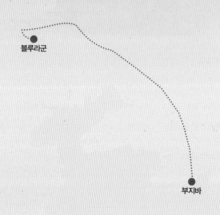

블루라군

부지바

방문 목적
1. 블루 라군(Blue Lagoon)
코미노Comino 섬과 인접한 블루 라군Blue Lagoon은 현지인들은 빛깔 때문에 '레드 타워Red Tower'라고 부르고 있다. 블루 라군Blue Lagoon은 따뜻한 청록색 물, 잔잔한 파도와 한적한 분위기 때문에 많은 관광객이 5~10월까지 방문하고 있다.

2. 스쿠버 다이빙 & 스노클링
지중해의 맑은 바닷물은 스쿠버 다이빙이나 스노클링에 적합하며 몰타는 인기가 있는 다이빙 포인트이다. 코미노Comino에서 다이빙하는 것은 스쿠버 다이버들이 해수면 위에 숨겨져 있는 동굴을 탐험하고 지역의 풍부한 해양 생물을 볼 수 있는 이상적인 장소이다. 다이빙은 해안선 전체에서 가능하며 켐 무넷의 작은 섬 근처에는 산호초도 있다.

산타 마리야 동굴(Santa Marija Cave)
도미 떼 사이에서 다이빙이 가능한 인기가 있는 다이빙 지점이기도 하다. 다이빙 장소는 육지로 접근 할 수 없어서 몰타와 고조(Gozo)의 다이빙 센터에서 투어로 이용이 가능하다.

3. 하이킹 & 캠핑
현재도 소수의 사람들만 거주하고 있는 코미노Comino는 관광객들이 대부분 당일치기 여행을 위해 주로 찾는다. 모험을 즐기는 여행자는 캠핑을 하거나 섬을 가로 질러 하이킹을 하기도 한다. 섬에서 자라는 풍부한 꽃과 식물의 이름을 따서 지을 정도로 코미노Comino는 야생 약초와 꽃으로 섬 전체가 야생 동물 보호 구역으로 분류되어 있어서 아름다운 풍경을 즐길 수 있다.

산타 마리야 탑
Santa Marija Watch Tower

작은 코미노Comino 섬에는 문명의 흔적이 거의 없지만 역사적인 건물인 산타 마리야 타워가 있다. 섬의 남동쪽에 위치한 몰타의 해안 감시탑인 산타 마리야 탑에서는 몰타에서 고조 섬으로 가는 페리에서 볼 수 있다. 그래서 고조Gozo 섬과 몰타에 지어진 탑에서 위기 때 통신 역할을 하기 위해 건설되었다.

1618년에 건축하기 시작해 높이 12m, 두께 6m의 정사각형 건물로 해발 약 80m의 높은 절벽, 가장자리에 자리 잡고 있다. 1618년에 세워진 탑의 기능은 몰타에 대한 지속적인 위협이었던 오스만 투르크를 감시하는 것이었다. 섬의 많은 동굴과 입구를 사용하여 몰타와 고조 사이를 지나가는 배를 숨기고 탑승하기 위해 해적들이 사용하기도 했다. 1798년, 몰타 섬으로 프랑스가 침공한 이후에는 몰타 저항의 장소로 사용되었고 그 이후, 영국에 의해 사용되었다.

현재 평화로운 코미노 섬은 아름다운 풍경을 보려고 하는 관광객이 찾는 역할로 바뀌었다. 청록색 바다와 블루 라군Blue Lagoon을 배경으로, 산타 마리나 탑에는 사진작가들이 좋아하는 아름다운 배경이 있다.

이 곳이 유명해진 이뉴는 2002년 짐 카비젤Jim Caviezel이 출연한 영화 '몬테 크리스토 백작'에서 샤토 디프Chateau d' If 교도소를 대표하는 데 사용되면서 유명해지기 시작했다.

위치_ Ghajnsielem
시간_ 10시 30분~15시
　　　　(수, 금, 토, 일요일 개방 / 4~10월 말)
전화_ +356-2122-5952

블루 라군
Blue Lagoon

코 미노의 방문이유는 블루 라군Blue Lagoon이다. 인기가 있는 관광지로 성수기인 7~8월에는 사람들로 가득하다. 코미노섬은 주민들이 거주하지 않는 무인도지만, 에메랄드빛 블루 라군Blue Lagoon에 몸을 담그고 잔잔한 파도에서 수영하기 위해 여행자들이 당일치기 여행으로 찾는 휴양지이다.

블루 라군Blue Lagoon은 코미노Comino 섬 서쪽 끝 해안 절벽 사이에 숨어 있다. 해안선을 따라가다 보면 블루 라군Blue Lagoon이 모습을 드러내는데, 수심이 얕고 파도가 거의 치지 않아 자연이 만들어놓은 커다란 수영장 같다. 블루 라군Blue Lagoon 옆

은 오르막 언덕으로, 여행자들은 이곳에 자리를 깔고 앉아 휴식을 취한다. 무인도인 데다가 5~10월에만 코미노행 페리가 운항해 편의 시설이 거의 없고, 간단한 샌드위치나 음료를 파는 매점만 있다. 그러므로 사전에 준비물을 준비해야 뙤약볕에서 고생하지 않는다.

속이 빈 파인애플 칵테일

속을 비운 커다란 파인애플에 담아 파는 칵테일이 블루 라군에서 맛보는 인기 메뉴이므로 꼭 한 번 맛보자.

조대현

63개국, 298개 도시 이상을 여행하면서 강의와 여행 컨설팅, 잡지 등의
칼럼을 쓰고 있다. KBC 토크 콘서트 화통, MBC TV 특강 2회 출연(새로
운 나를 찾아가는 여행, 자녀와 함께 하는 여행)과 꽃보다 청춘 아이슬
란드에 아이슬란드 링로드가 나오면서 인기를 얻었고, 다양한 여행 강
의로 인기를 높이고 있으며 '트래블로그' 여행시리즈를 집필하고 있다.
저서로 블라디보스토크, 크로아티아, 모로코, 나트랑, 푸꾸옥, 아이슬란
드, 가고시마, 몰타, 오스트리아, 족자카르타 등이 출간되었고 북유럽,
독일, 이탈리아 등이 발간될 예정이다.

폴라 http://naver.me/xPEdID2t

몰타

초판 1쇄 인쇄 l 2019년 12월 16일
초판 1쇄 발행 l 2019년 12월 20일

글 l 조대현
사진 l 조대현, 정덕진(사진 일부)
펴낸곳 l 나우출판사
편집 · 교정 l 박수미
디자인 l 서희정

주소 l 서울시 중랑구 용마산로 669
이메일 l nowpublisher@gmail.com

979-11-89553-04-3 (13980)